机器人简史

（第三版）

中国电子学会　编著

电子工业出版社
Publishing House of Electronics Industry
北京 · BEIJING

内 容 简 介

《机器人简史》（第三版）介绍了机器人发展的历史、态势和趋势，以简明扼要、通俗易懂、图文并茂的形式向读者展开了一幅波澜壮阔的机器人世界的画卷。希望本书能为机器人领域的研究者和对该领域感兴趣的读者提供有益的借鉴与启示。

图书在版编目（CIP）数据

机器人简史 / 中国电子学会编著 . —3 版 . —北京 : 电子工业出版社，2022.8

ISBN 978-7-121-43816-5

Ⅰ . ①机⋯ Ⅱ . ①中⋯ Ⅲ . ①机器人 – 技术史 – 世界 Ⅳ . ① TP242

中国版本图书馆 CIP 数据核字（2022）第 111657 号

责任编辑：徐蔷薇　　　　特约编辑：田学清
印　　刷：北京市大天乐投资管理有限公司
装　　订：北京市大天乐投资管理有限公司
出版发行：电子工业出版社
　　　　　北京市海淀区万寿路 173 信箱　　　邮编：100036
开　　本：720×1000　　1/16　　印张：8.5　　字数：143 千字
版　　次：2015 年 11 月第 1 版
　　　　　2022 年 8 月第 3 版
印　　次：2022 年 8 月第 1 次印刷
定　　价：69.00 元

凡所购买电子工业出版社图书有缺损问题，请向购买书店调换。若书店售缺，请与本社发行部联系，联系及邮购电话：（010）88254888，88258888。

质量投诉请发邮件至 zlts@phei.com.cn，盗版侵权举报请发邮件至 dbqq@phei.com.cn。

本书咨询联系方式：xuqw@phei.com.cn。

指导委员会

主　任：

蔡鹤皋　　中国工程院院士，哈尔滨工业大学机电工程学院教授

副主任：

王耀南　　中国工程院院士，湖南大学机器人视觉感知与控制技术
　　　　　国家工程实验室主任

王树新　　中国工程院院士，天津大学党委常务副书记

委　员：（按姓氏拼音排序）

曲道奎　　沈阳新松机器人自动化股份有限公司总裁

孙富春　　清华大学计算机科学与技术系教授

孙立宁　　苏州博实机器人技术有限公司董事长

王田苗　　北京航空航天大学机器人研究所教授

吴丰礼　　广东拓斯达科技股份有限公司董事长

席　宁　　香港大学讲习教授

许礼进　　埃夫特智能装备股份有限公司董事长

张建伟　　德国汉堡大学多模态智能技术研究所所长，德国国家
　　　　　工程院院士，德国汉堡科学院院士，清华大学杰出访问
　　　　　教授

第三版 修订说明

　　《机器人简史》（第三版）系统梳理了自古至今机器人的发展史，并全面更新了现代机器人家族的分类。在这本书里我们可以看到，从传统的"装配工""搬运工"，到栩栩如生的"仿生机器人"、灵巧的"手术大夫"，机器人正从装配、搬运等传统应用领域，向更加智能且更为精细的生活服务、先进制造、医疗健康等领域快速延伸。同时，全球机器人产业在机遇和挑战中，正稳步向智能化迈进。机器人的智能化程度将得到极大提升，机器人将拥有深层次的学习思考能力和分析决策能力。

　　本次修订是对第二版的全面完善，详细梳理了现代机器人的分类和技术，重新归纳了近年来全球各国机器人产业发展的特征，添加了对机器人的发展展望，并以更活泼的形式呈现给读者。希望本书能为机器人领域的研究者，以及对该领域感兴趣的读者，提供有益的借鉴与启示。

第二版
修订说明

　　《机器人简史》（第二版）将向读者展现一个绚丽多姿的机器人世界。在这本书里，你不但可以看到指南车、自动玩偶等古代机器人，还可以领略当今阿特拉斯（Atlas）、阿西莫（Asimo）、达芬奇等机器人的风采。在全面、系统地了解了现代机器人家族之后，你还可以看到一些在未来将陪伴我们的高度智能化的机器人。尽管这些与我们高度相像、能与我们互动的机器人将不可避免地进入我们的日常生活中，但我们能否从心底真正地接受它们？机器人到底是我们的朋友还是敌人？它们将如何改变我们的世界？世界各主要国家是如何看待机器人的？相信大家在本书中会找到上述问题的答案。

　　本次修订是对第一版的全面完善，不仅是信息的更新，更是内容的调整与增补，添加了机器人技术、伦理等方面的内容，并以更活泼的形式呈现给读者。希望读者通过本书能轻松、愉悦地了解机器人世界的奥秘。

前　言

　　人类在地球这颗蔚蓝色星球上已经生存了几百万年。在创造出辉煌、灿烂的文明的同时，我们不免仰望星空感叹，作为世间万物的灵长，人类是否太过于孤独？我们一直不曾割舍对地外文明的想象，科学家们也尽其所能地苦苦搜寻，但至今仍未找到与我们类似的智慧生物。

　　既然苦寻无果，为何不自己动手创造？机器人，就是人类创造的智能体。

　　对 20 世纪七八十年代出生的人来说，机器人并不陌生。《变形金刚》《铁臂阿童木》《哆啦 A 梦》等伴随他们成长的动画片中都有机器人的身影。这些动画片中的机器人，或拯救人类于水火，或解救主人于困境，为小观众们树立了一个个善良、正义、坚韧、勇敢的形象。对小观众们来说，谁不想拥有一个属于自己的"大黄蜂"或"哆啦 A 梦"呢？谁不想成为"擎天柱"或"阿童木"那样的英雄呢？也正因为如此，这些动画片连同机器人形象已植根于那一代人的内心深处，成为他们最值得回味的集体记忆之一。

　　进入 21 世纪以来，在新一轮科技革命与产业变革的聚合推动下，机器人与物联网、大数据、人工智能等技术融合发展，不仅在制造业领域发挥着关键作用，在医疗、康复、娱乐、教育、家政、国防、安保、救援等领域也扮演着重要角色。人类正在迈入机器人时代。

　　本书将带你走入机器人的世界，发掘它们的历史，摸清它们的现状，探索它们的未来。

　　那么，从现在开始，让我们进入书中慢慢品味吧！

目　录

人工智能入门（一）

第 一 章

源远流长的机器人发展史

人们对美好生活的向往亘古不变。创造一种可从事劳作或服务生活的自动机械装置，是世界各个文明的共同夙愿。古巴比伦的计时漏壶、古希腊的自动机、中国的指南车等都是古代自动机械装置的精妙之作。及至现代，三次工业革命让机器生产从无到有，从蒸汽驱动到电力驱动，从人工控制到自动控制，使人类社会发生了翻天覆地的变化。从某种程度上说，没有自动化的机器、智能化的终端，就没有我们现在的美好生活。

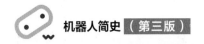

（一）古代的机器人

尽管世界上各大文明的发源地不同，但基本上都出现过关于自动机械装置或机器人的记载。例如，《墨子·鲁问》中记载了"公输子为鹊"的典故，"公输子削竹木以为鹊，成而飞之，三日不下"。古希腊人荷马在《伊利亚特》中记载，火神赫菲斯托斯创造了一组金制的女偶人作为他的助手。中外史籍中记载的自动机械装置，基本可以分为两大类，即"工具"和"玩具"。其中，工具的代表有指南车、漏壶，玩具的代表有自动玩偶。

1. 神奇的指南车

我们在驾车出行或游山玩水时，通常离不开手机里的导航软件。通过导航软件，我们可以方便地获取自身定位、方向指示、路线指引等服务，轻松地到达目的地。然而在科技并不发达的古代，辨别方位、选对路线并不是一件容易的事情。古人做了很多努力，发明了能指示方向的指南车，如图 1-1 所示。

指南车是一种由齿轮系统构成的自动指向装置。不管指南车向何方行驶，车上所立木人的手指永远指向南方。西晋崔豹撰写的《古今注》记载，黄帝与蚩尤在涿鹿之野大战时，蚩尤施法布下百里大雾，三天三夜不散。为了突出重围，黄帝命令大臣造指南车，为大军领路，最终大破蚩尤，统一了中原。《古今注》里还记载，西周成王时，南方的越裳氏到镐京进贡，路上迷失方向，周公便派指南车接其入镐京。需要指出的是，根据现代科学家的考证，齿轮最早出现于我国战国时期，因此《古今注》中关于指南车的两则记载并不可信。

三国时期，魏国人马钧在没有资料和模具的情况下，刻苦钻研，反复实践，终于利用差动齿轮原理制成了指南车，"从是天下服其巧矣"。南北朝时期，南齐太祖萧道成命令大名鼎鼎的祖冲之仿制一台缴获的指南车。祖冲之潜心钻研，在充分吸收前人工艺的基础上，对指南车的构造进行了改良，将其内部机件全部改成铜制的。萧道成派人去检验这台指南车，发现它运转灵活、指向准确，比之前的那辆更加坚固、耐用。

◎ 图 1-1　指南车

后来，指南车被更为精巧的指南针所取代，逐渐退出了历史舞台。尽管如此，指南车仍然是古代中国乃至世界文明史上最重要的发明之一。

2．水滴记录的时间

古人没有手表、手机等计时工具，那他们是如何计量时间的呢？

大约在夏商时期，古人发明了用来计时的"沉箭壶"，这是早期的漏壶。"沉箭壶"内竖有一根带刻度的标杆，壶底凿有一小洞。当壶内盛满水时，水会从底部小洞慢慢流出，人们便可以根据标杆上对应的水位刻度来判断时间。由于壶中的水量对水流的速度有一定的影响，所以计时的准确性较差。图 1-2 中的左图所示是一把汉代的铜制漏壶。

为了提高计时精度，东汉时期的人们又发明了"浮箭壶"，如图 1-2 中的右图所示。其结构原理为：三个漏壶被放在不同高度的平面上，最下面的接水

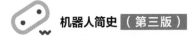
壶内放有带刻度的标杆。使用时，水从最上面的漏壶依次流到中间和下面的漏壶中，最后流入下面的接水壶，标杆上浮显示对应的刻度。这样的设计避免了"沉箭壶"由于水量减少对水流速度的影响，使计时更加准确。

◎ 图 1-2　汉代铜制漏壶（左）和"浮箭壶"（右）

其他古代文明中也有漏壶的身影。公元前 1400 年左右，古巴比伦人使用泄水型漏壶计量时间，其原理类似于我国古代的"沉箭壶"。古埃及人使用泄水型或受水型漏壶，其中受水型漏壶类似于我国古代的"浮箭壶"。公元前 270 年，古希腊发明家克特西比乌斯改进了漏壶，并采用人物造型的指针指示时间，如图 1-3 所示。

◎ 图 1-3　古希腊发明家克特西比乌斯制作的漏壶

其实,古人的计时工具并不只有漏壶一种。铜盂便是唐朝人常用的计时工具:将一个底部钻有小孔的铜盂放置在水面上,水从孔中涌入铜盂里。当水涨到一定程度时,铜盂就会沉下去。取出铜盂倒掉水,便可以重复使用。铜盂的大小和重量是有规定的,一般一个时辰沉浮一次。北宋天文学家苏颂等人研制的"水运仪象台",则是集观测天象、测时和报时于一体的综合性观测仪器,有点类似于小型天文台了,如图1-4所示。

◎ 图1-4 水运仪象台

谁曾想到,那些滴答不停的水滴,不仅记录了古人的时间,也记录了他们逐步掌握机械原理的过程。

3. 会动的人形玩偶

唐朝是我国古代科技文化发展的繁荣期,出现了很多结构复杂、移动灵活、外观精致的人形自动玩偶。

唐朝人张鷟在笔记体小说《朝野佥载》中记载了两个关于人形机器人的故事:洛州县令殷文亮用木头制作了一个女侍从,用来招待客人,让人很受用;一位名叫杨务廉的工匠制作了一个能向人乞讨的木头僧人,当僧人手中的碗里盛满铜钱时,它就会说声"布施",引得众人纷纷围观并不断地往碗里放钱。

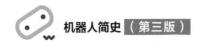

唐朝东海郡有一位能工巧匠马待封，曾经制作了一台内部装有隐藏机关的梳妆台，"中立镜台，台下两层，皆有门户"。当人梳洗时，就会有一个木制妇人递出毛巾和梳子；在人梳洗完毕后，它又恭敬地递上香脂、妆粉。

国外科技发展史中也有许多人形自动玩偶的记载。

在欧洲文艺复兴时期，意大利著名科学家和艺术家达·芬奇就设计了一款机器人。它以木头、金属和皮革为外壳，以齿轮为驱动装置，可以坐下和站立，头部和胳膊也可以进行相应的转动。后来，一群意大利科学家用了 15 年时间，根据达·芬奇留下来的草图制作了一款"机器武士"，如图 1-5 所示。

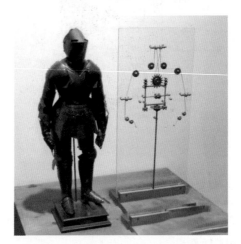

◎ 图 1-5　根据达·芬奇的设计草图制作的"机器武士"

18 世纪 70 年代，瑞士钟表匠德罗兹父子制作出惟妙惟肖的"写字机器人"、"绘图机器人"和"演奏机器人"，如图 1-6 所示。在上紧发条后，"写字机器人"会抬起右臂，将手中的鹅毛笔伸到桌子右侧的墨水壶中蘸一下，然后在白纸上缓缓写出几行字。该机器人的另一个神奇之处在于，只要更换其体内的 40 个齿轮，它就可以写出不同的内容。这三个人形自动玩偶至今还保存在瑞士纳切特尔市艺术和历史博物馆内。

◎ 图1-6　德罗兹父子制作的三个人形自动玩偶

4．澎湃的机器时代

开始于18世纪60年代的第一次工业革命，使欧洲各国完成了从工场手工业向机器大工业的过渡，推动了生产力的巨大发展。机器的发明和使用成为这个时代的标志。例如，机器的普及让纺织业逐渐摆脱了人力密集型的生产模式，自动纺织机正是这一时期的产物。1801年，法国丝绸织工兼发明家约瑟夫·雅卡尔发明了一种可以通过穿孔卡片控制的自动织机，极大地提高了生产效率，如图1-7所示。在短短的10年内，欧洲就有数千台这种自动织机投入使用。

◎ 图1-7　约瑟夫·雅卡尔发明的自动织机

机器也给科学计算带来了极大的便利。1822 年，英国发明家查尔斯·巴贝奇设计出了人类历史上最早的可编程机械装置——差分机。根据他的设计，差分机可按照预先设定的程序，计算出多项式的分布表。伦敦科学博物馆于 1991 年制作出了查尔斯·巴贝奇设计的差分机，如图 1-8 所示。

◎ 图 1-8　伦敦科学博物馆制作的差分机

（二）现代的机器人

早在第一次工业革命时期，旺盛的市场需求和传统的手工劳作之间的矛盾就已经日渐凸显。机器的发明与使用极大地提高了生产力水平，为人类社会创造了巨额财富。然而，那时的机器只是人类双手的延伸。

1. 需求推动下的重生

在工业革命开始之后的近 200 年时间里，人们就一直不断地改善机器的设计理念和制造工艺。尤其是自 20 世纪中期以来，大规模生产的迫切需求推动了自动化技术的发展，进而衍生出 3 代机器人产品。第一代机器人是遥控操作的机器，工作方式为人通过遥控设备对机器进行指挥，而机器本身并不能独自运动。

第二代机器人通过程序控制，可以自动重复完成某种操作。第三代机器人被称作智能机器人，是一种利用各种传感器和测量器等来获取环境信息，然后基于智能技术进行识别、理解和推理，并做出规划决策，同时能够通过自主行动实现预定目标的高级机器人。

第一代机器人源于核技术发展的需求。20世纪40年代，美国建立了原子能实验室，但实验室内部的核辐射对人体伤害较大，迫切要求一些自动机械代替人处理放射性物质。在这个需求的推动下，美国原子能委员会的阿贡国家实验室于1947年开发了遥控机械手，随后又在1948年开发了机械耦合的主从机械手。所谓主从机械手，就是当操作人员控制主机械手做一连串动作时，从机械手可准确地模仿主机械手的动作。

1952年，美国帕森斯公司制造了一台由大型立式仿形铣床改装而成的三坐标数控铣床，这标志着数控机床的诞生。此后，科学家和工程师们对控制系统、伺服系统、减速器等数控机床关键零部件技术的深入研究，为机器人技术的发展奠定了坚实的基础。

凭借自动化技术和零部件技术的研究积累，第二代机器人登上历史舞台。1954年，美国人乔治·德沃尔制造出世界上第一台可编程的机械手，并注册了专利。按照预先设定好的程序，该机械手可以从事不同的工作，具有通用性和灵活性。

1957年，被誉为"机器人之父"的美国人约瑟夫·恩格尔伯格创建了世界上第一个机器人公司——Unimation，并于1959年正式发布了第一台工业机器人——Unimate，如图1-9所示。该机器人由液压驱动，并依靠计算机控制手臂以执行相应的动作。1962年，美国机床铸

◎ 图1-9　工业机器人Unimate

造公司也研制出了 Versatran 机器人，其工作原理与 Unimate 相似。一般认为，Unimate 和 Versatran 是世界上最早的工业机器人。

在机器人的研发过程中，人们尝试利用传感器提高机器人的可操作性，具备感知功能的第三代智能机器人逐渐成为研发热点。厄恩斯特的触觉传感机械手、托莫维奇和博尼的安装有压力传感器的"灵巧手"、麦卡锡的具备视觉传感系统的机器人，以及约翰斯·霍普金斯大学应用物理实验室研制出的 Beast 机器人，都是成功的尝试。随着众多研究机构的加入，第三代智能机器人发展的曙光已经显现。

1968 年，美国斯坦福国际咨询研究所成功研制出移动式机器人 Shakey，如图 1-10 所示。它是世界上首台带有人工智能的移动式机器人，能够自主进行感知、环境建模、行为规划等任务。该机器人配备电视摄像机、三角法测距仪、碰撞传感器、驱动电机，以及编码器等硬件设备，并由两台计算机通过无线通信系统对其进行控制。限于当时的计算水平，Shakey 需要相当大的机房支持其进行功能运算，同时规划行动也往往要用数小时之久。

◎ 图 1-10　世界首台带有人工智能的移动式机器人——Shakey

由上述发展历程可以看出，工业生产的内在需求，以及传统生产方式亟待转变的趋势，都是推动机器人发展的核心力量。

2. 机器人王国的繁荣

美国人最先发明了机器人，但日本人更早认识到了机器人的真正价值。这也是在今天全球四大机器人企业——ABB、发那科、库卡、安川当中，有两家是日本企业的原因。

1967 年，日本川崎重工从美国 Unimation 公司购买了机器人专利。通过模仿学习，川崎重工于 1968 年试制出第一台自主通用机械手"尤尼曼特"。20 世纪 70 年代是日本工业机器人迅速普及的时期。工业机器人年产量从 1970 年的 1350 台猛增至 1980 年的 19843 台，年增长率约为 30.8%。20 世纪 80 年代，日本工业机器人产业进入鼎盛期。1980 年被称为日本"机器人普及元年"，日本开始在各个领域推广并使用机器人，极大地缓解了国内劳动力严重短缺的社会矛盾。1986 年，日本国内的工业机器人保有量约为 10 万台，日本已经成为名副其实的"机器人王国"。

此后，日本的服务与特种机器人也进入了实用化阶段。1988 年，日本东京电力公司开发出具有初步自主越障功能的巡检机器人。该机器人依靠内嵌的输电线路结构参数进行运动行为的自主规划。每当遇到杆塔时，该机器人可以利用自身携带的导轨从杆塔侧面滑过，这可以帮助其在复杂、恶劣的地形中完成巡检任务。1999 年，日本索尼公司推出了如图 1-11 所示的宠物机器人"爱宝"，"爱宝"一经发行便销售一空。"爱宝"的出现不仅代表了一台机器宠物的诞生，更标志着人工智能朝生活化、娱乐化的方向发展。

纵观日本的机器人发展道路，以需求为导向、强调创新、产学研紧密结合是其成功之道。

◎ 图 1-11　宠物机器人"爱宝"

3. 中国机器人的崛起

在经历了主要发达国家使用机器人所获得的巨大成功之后，我国逐渐意识到机器人在社会生产生活中所发挥的重要作用。从 20 世纪 70 年代后期到 1985 年，国内先后有大大小小 200 多家单位自发研究机器人。这个时期虽然没有出现成熟的机器人产品，但为我国机器人技术的后续发展奠定了一个较好的基础。1986 年，"七五"国家科技攻关计划将工业机器人技术列为攻关课题，相关部门开始组织专家对机器人学的基础理论、关键零部件及整机产品展开研究。同年，"863"计划开始实施，在自动化领域成立了专家委员会，其下设立了 CIMS（计算机集成制造系统）和智能机器人两个主题组。自此，我国机器人技术的研究、开发和应用，从自发、分散、低水平重复的起步状态进入了有组织、有计划的发展阶段。

"十五"期间（2001—2005 年），我国从单纯的机器人技术研发向机器人技术与自动化工业装备研制扩展：围绕"国家战略必争装备与竞争核心技术"，重点研发了深海载人潜水器、高精尖数控加工装备、危险作业机器人、反恐防暴机器人、仿人仿生机器人；围绕"提高综合国力、企业竞争力的基础制造装备与成套关键装备制造技术"，重点研究了中档数控设备、自动化生产线、工程机械、盾构、医疗机器人等先进工艺设备。

"十一五"期间（2006—2010年），我国重点开展了机器人先进工艺、机构与驱动、感知与信息融合、智能控制与人机交互等共性关键技术的研究，取得了一批创新性研究成果，建立了智能机器人研发体系。我国重点研发了仿生机器人、危险救灾机器人、医疗机器人及公共安全智能系统集成平台，带动了关键技术发展，重点发展了工业机器人自动化成套技术设备，应用于集成电路、船舶、汽车、轻纺、家电、食品等重点工程或行业，突破了国外企业在大规模自动化制造系统中的垄断，促进了机器人技术的产业化发展。

2011年以来，我国工业机器人市场快速增长，连续8年稳居全球第一。2016—2020年，我国工业机器人产量从7.2万套快速增长到21.2万套，年均增长31%。随着医疗、养老、教育等行业智能化需求的持续释放，我国的服务机器人、特种机器人市场也面临井喷行情。2020年，全国规模以上服务机器人、特种机器人制造企业的营业收入为529亿元，同比增长41%。可以说，我国机器人行业和市场正迎来一个蓬勃发展的春天。

第 二 章

多姿多彩的现代机器人

　　从早期原子能实验室里的机械手，到后来汽车生产线上的机械臂，再到如今随处可见的无人机、平衡车、扫地机器人，随处可闻的各类新奇机器人产品，短短几十载，机器人行业已经快速发展并壮大了起来。种类繁多的机器人使我们眼花缭乱，如何才能正确地辨别它们呢？实际上，研究人员将机器人分为工业机器人、服务机器人、特种机器人3大类，每一大类又会根据用途的不同再分为若干小类，如图2-1所示。现在，就让我们叩开机器人家族的大门，开启一段探秘之旅。

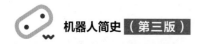

（一）工业机器人

随着金黄色机械手臂的翻转、回旋，高达 600℃的银白色金属卷板在青烟中被干脆、利落地抓起来并被摆放到下一个工位上。在经过一道道工序后，成型的壳体被整齐地码放在流水线末端。这是某公司钣金工厂壳体车间的场景，它只是现代工业机器人应用的一个缩影。

如今，成千上万的工业机器人被广泛应用于电子、机械、化工等诸多制造业领域。其外形通常是多关节机械臂或多自由度的机械手，主要由机械结构系统、驱动系统、感知系统、机器人—环境交互系统、人机交互系统和控制系统 6 个子系统组成。工业机器人正在逐渐取代人类完成各种复杂、精细的生产加工过程，其应用前景十分广阔。

1. 火花中的生产者

焊接是工业生产中最有观赏性的一道工序。随着焊枪的起起落落，一束束火花喷射而出，给单调的工厂增添了许多生趣。但同时，焊接工序会对工人的健康构成一定的威胁。即便工人穿上厚重的防护服、戴上保护面罩，长期接触飞溅的火花和燃烧产生的气体也会对人的视力和呼吸系统产生不小的影响，引发一系列疾病。

焊接机器人的出现彻底改变了这种局面。如果采用手工电弧焊进行转轴焊接，工人劳动强度极大，产品的一致性差，生产效率低，仅为 2 ～ 3 件 / 小时。在采用机器人焊接后，产量可达到 15 ～ 20 件 / 小时，焊接质量和产品的一致性也大幅度提高。相对于人工焊接，机器人焊接具有焊接质量好、工作效率高、焊接过程稳定性强等优势，而且还可以把工人从充满隐患的工作环境中解放出来。

焊接机器人分为点焊机器人、弧焊机器人两类，不同种类机器人的基本结构类似，都由本体、计算机控制系统、示教盒和相应的焊接切割系统组成。

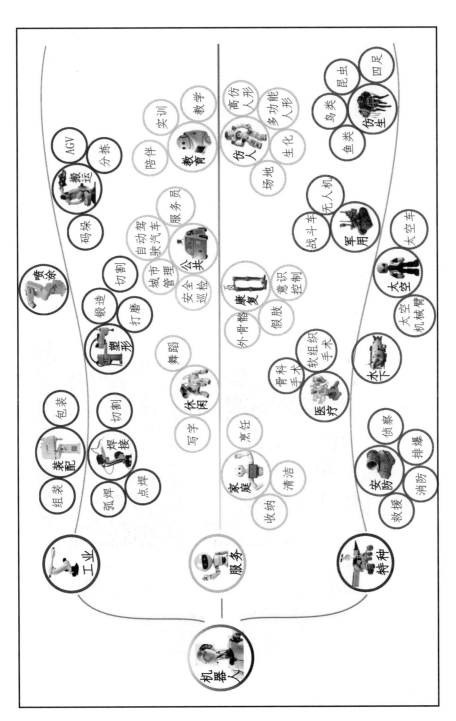

◎ 图 2-1 现代机器人大家族

点焊机器人只要在目标的工件点位上完成工作即可，我们对焊钳在点与点之间的移动轨迹没有严格要求。因此，点焊机器人具有较强的灵活性，通常能实现腰转、大臂转、小臂转、腕转、腕摆、腕捻 6 个自由度。驱动方式有液压驱动和电气驱动两种，其中电气驱动因具有保养维修简便、能耗低、速度快、精度高、安全性好等优点而被广泛采用。图 2-2 中的左图所示为点焊机器人。

弧焊机器人需要在计算机的控制下，实现连续轨迹控制和点位控制。为满足填丝条件下角焊缝及多焊道的高难度成形要求，弧焊机器人终端还具备了横向摆动的功能。弧焊机器人主要有熔化极焊接作业和非熔化极焊接作业两种类型，都具有高生产率、高质量、高稳定性等特点，可长期进行焊接作业。随着系统优化集成技术、协调控制技术、精确焊缝轨迹跟踪技术的发展，弧焊机器人正逐步向智能化方向迭代。图 2-2 中的右图所示是我国于 20 世纪 80 年代中期研制出的第一台弧焊机器人。

◎ 图 2-2　点焊机器人（左）和弧焊机器人（右）

目前，焊接机器人占工业机器人装机总量的 45% 以上，主要应用在汽车制造和机械装备加工领域，市场潜力巨大。就像裁缝为我们缝制衣物一样，这些火花中的生产者通过运用灵活的手臂，也在帮助人类"编织"着一件件精美的工业产品。

2. 勤勤恳恳的装卸工

东西搬不动，机器人来帮你。在工厂中，工人们需要不断地把沉重的物料、零部件和产品运输到不同的地点，搬运机器人正是完成这些工作的一把好手。搬运机器人可安装不同的末端执行器，以完成各种不同形状和状态的工件的搬运工作，大大减轻了人类繁重的体力劳动。目前，搬运机器人被广泛应用于机床上下料、冲压机自动化生产线、自动装配流水线、集装箱等的自动搬运。部分发达国家已制定出人工搬运的最大限度，超过限度的必须由搬运机器人来完成。

在自动化生产车间中，我们经常可以看到地面上有和城市道路上类似的人行横道，这是怎么回事呢？原来，工人们在车间内行走的时候，都要避让运输物料的自动牵引车（Automated Guided Vehicle，简称 AGV），它们可是有优先通行权的，如图 2-3 所示。

◎ 图 2-3 AGV

自动牵引车是一种能够按照设定好的导引路径，自动完成工业应用中各种搬运任务的运输车。AGV 具有行动快捷、工作高效、结构简单、安全可控、占地面积小等优点，已被广泛应用于仓储、邮局、机场、制造业、图书馆、港口码头等。此外，AGV 还具有清洁生产的特点，依靠自带的蓄电池提供动力，在运行过程中无噪声、无污染，可以应用在对工作环境清洁度要求较高的场所。按照导航方式的不同，AGV 可分为电磁感应引导式 AGV、激光引导式 AGV 和视觉引导式 AGV。随着计算机图像采集、存储和处理技术的飞速发展，视觉引导式 AGV 无须人为设置任何物理路径，具有最佳的引导柔性，实用性越来越强。

厂房中摆放整齐的一箱箱成品通常是由码垛机器人完成的，码垛机器人如图 2-4 中的左图所示。码垛机器人的作用是把包装好的产品从生产线上面搬运下来，堆码在推盘上，等待运输设备取走。通过码垛机器人和其他设备的整合，原先烦琐的打包工作完全由机器人来实现。码垛机器人可以 24 小时不间断运行，在降本增效的自动化工业生产模式中，发挥着越来越重要的作用。

码垛机器人结构简单、占地面积小、适用性强、能耗低，已经在现代生产和物流行业中被广泛使用。码垛机器人的使用改善了工人的劳动条件，使操作人员远离了又脏又累的搬运工作，从强度大的体力劳动中解脱出来，提高了劳动生产率，使产品质量也得到了保障。按照结构坐标系分类，码垛机器人可以分为直角坐标型码垛机器人、圆柱坐标型码垛机器人、球坐标型码垛机器人和关节坐标型码垛机器人。

每年的"双 11"都成了商家和消费者的盛宴，同时也忙坏了物流公司：有海量的快递要送往全国各地。物流公司不仅需要准备更大的仓库防止爆仓，也需要迅速、准确地对物品进行分拣。如果放到以前，这项工作必须经过专业人员的检视才能完成。在业务量不是很大的情况下，人工分拣能够有效满足需求。但如今随着物流压力的加大，人工已经无法满足分拣的效率和质量，分拣机器人成为越来越多企业的选择。图 2-4 中的右图展示了一款分拣机器人。

◎ 图 2-4 码垛机器人（左）和分拣机器人（右）

分拣机器人可以通过扫描包装上的条形码，对物品的属性和运输目的地进行迅速识别与分类，大大提高了物流效率。分拣机器人具有持续高负荷工作、分拣误差率低、工作人员少等优势，可广泛应用于物流、农产品分拣等领域。例如，英国人发明的光学法土豆分拣机器人，可以通过红外线反射区分土豆的良好部分和腐烂部分，从而对土豆的品质进行甄别。该机器人一小时内可以分拣 3 吨土豆，相当于原来 6 名操作工人的工作量，同时工作质量大大提高。更为重要的是，分拣机器人在面对爆仓等突发事件时，具备有效的应对和预防能力，对物流效率的提升十分明显。

3．流水线的主力军

在装配这个劳动力密集型的生产工序中，机器人对传统生产模式带来了颠覆式的变革。大量工人坐在一起完成简单、重复的工作的情形已经不复存在，取而代之的是一只只繁忙的机械手臂。与一般工业机器人相比，装配机器人具有精度高、柔顺性好、工作范围小、能与其他系统配套使用等特点。在汽车制造、机电加工、电子产品制造等领域，装配机器人正在热火朝天地发挥着它们的才能。从用途角度来说，装配机器人可以分为包装机器人和组装机器人，如图 2-5 所示。

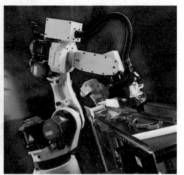

◎ 图 2-5　包装机器人（左）和组装机器人（右）

实际生产过程中的打包、封口、装箱等工序，都可以由包装机器人完成。例如，饮料的灌装和旋盖，都可以由同一台机器人完成。相比于传统的人工操作，包装机器人既能提高包装的效率和质量，又能完成一些手工包装无法实现的任务，如真空包装、充气包装、等压灌装等。那些在超市中售卖、外包装上写着"无菌灌装"的牛奶，就是由多功能包装机器人在灭菌环境下完成充装封口的。

使用包装机器人代替手工包装，保证产品不与人体直接接触，减少了产品暴露在空气中的时间，对食品和医药的清洁卫生及金属制品的防锈蚀等提供了可靠的保证。同时，包装机器人的重复操作能够始终维持同一状态，不会出现类似人的主观性干扰，因此作业计量准确，包装外形整齐美观、质量稳定。规格化、标准化的包装作业，能够适应集装箱、托盘、火车、轮船等多种运输条件的装卸方式，节省运输费用。

组装机器人是自动化生产线上的关键设备，目的是对零部件进行装配和组合，具有精度高、柔顺性好、工作范围小等优点，能与其他系统配套使用。

组装机器人可分为两类：可编程通用装配操作手机器人和平面双关节型机器人。

当前，为了使不同制造商生产的组装机器人之间可以互换零部件，组装机器人的重要攻克领域之一就是标准化技术的统一。标准化技术的统一不仅有利于降低组装机器人保养和维修的费用，还可以让使用者能够根据实际的装配需求对机器人进行"重组"。由于标准化工作牵涉到不同机器人生产企业的利益得失，所以进度非常缓慢。

4. 工厂里的"整容高手"

现在很流行整容，皆因"爱美之心，人皆有之"。同样，制造业中也需要对原材料和零部件进行整形加工，不仅要求它们整齐、好看，更是为了满足各种使用需求。塑形机器人主要用于各类零部件的外形塑造和加工，通过灵活、持久、高速的全自动流程，提高产品精度和质量，降低人工成本，减少耗材浪费。不仅如此，塑形机器人还可以代替操作人员在高温、污染和危险环境中工作，目前在航空航天、消费电子、机械加工、陶瓷加工等领域逐步大显身手。常见的塑形机器人主要有切割机器人、打磨机器人和锻造机器人。

切割机器人改变了传统的切割工艺，可在计算机的控制下完成复杂的产品切割和坡口加工，可实现连续轨迹控制切割和点位控制切割，具有可持续作业、流程稳定等优点。由于其切口平整、精确度高，省去了后续打磨工序，备受制造业的青睐，广泛应用于钢板下料、焊接坡口的切割。常见的切割机器人有激光切割作业、全数字等离子切割作业和火焰切割作业等。其中，全数字等离子切割作业主要应用在碳钢、不锈钢等高品质材料的切割上，火焰切割作业主要应用在各种碳钢和普通低合金钢的切割上。图2-6展示的是一台激光切割机器人。

◎ 图 2-6 激光切割机器人

在实际的生产过程中，打磨可不只是拿砂纸摩擦一下那么简单。打磨机器人可对各种零件进行表面加工和抛光，打磨机器人如图 2-7 中的左图所示。现有打磨机器人的打磨方式主要有两种：一种是工具主动型打磨，即待打磨工件固定不动，机器人带着打磨工具围着工件转；另一种是工件主动型打磨，即打磨工具不动，机器人带着待打磨工件围着打磨工具转。

要做好工件表面的研磨抛光处理，用户可根据被加工零件的光洁度配置不同的机体和磨头。目前打磨机器人对工件表面的抛光处理方式分为离心打磨抛光、滚筒打磨抛光、振动打磨抛光、涡流打磨抛光、磁力打磨抛光等。无论是哪种方式，精确地控制和传动都是打磨机器人必须具备的本领，减速器、伺服电机和精密丝杠等部件发挥着重要的作用。

锻造机器人用来替代人工完成上料、翻转及下料等高危险、高强度、简单重复的锻造工序，实现自动进料、自动成型、自动切边，如图 2-7 中的右图所示。锻造工艺是金属塑性加工的重要方法之一，但难以克服的高温、粉尘、噪声、振动等恶劣的工作环境，严重危害着操作人员的安全和健康。基于对职业健康安全管理的考虑，锻造工艺实现自动化成为行业发展的必然趋势。

◎ 图 2-7 打磨机器人（左）与锻造机器人（右）

当前，我国许多锻造企业主要靠人力完成生产任务，生产效率较低，产品质量也不稳定。锻造机器人的应用能有效降低工人的劳动强度，改善工作环境，提高生产自动化程度和生产效率。锻造机器人可抵御噪声、高温及振动对作业的影响，而且也正在逐步隔离粉尘、杂质等侵入障碍。此外，采用锻造机器人可以实现故障自动提示及报警，不仅保障了安全生产，还可以规避由设备损坏带来的人员伤亡。

5. 工业产品的喷涂师

如今，马路上川流不息的汽车越来越漂亮，除了时尚的造型设计，靓丽的车漆也功不可没。车漆通常由 4 个漆层组成，即在车身钢板之上，分别涂有电泳层、中涂层、色漆层和清漆层 4 个漆层，这 4 个漆层共同构成了我们目视所见的车漆。以前，汽车生产车间的喷漆工艺是由人工完成的。由于油漆中含苯，所以长期在苯浓度相当高的喷漆车间里工作的工人，特别容易罹患再生障碍性贫血，严重影响自身健康。现在，多亏有了"工业产品的喷涂师"——喷涂机器人，才把人从喷漆这种高危作业中解救出来。

传统的人工喷涂在漆膜性能、喷涂效率、涂料利用率方面的瓶颈日益显现，喷涂机器人可以解决人工作业喷涂厚度不均的问题，还可以带着喷枪到达人工难以喷涂的位置进行作业，不仅节约了企业的人工成本，还提高了喷涂的质量。

　　喷涂机器人又叫喷漆机器人，如图 2-8 所示，具有很好的灵活性，所以机器人本体多采用 5 或 6 自由度关节式结构，腕部一般也采用 2 或 3 自由度结构。无论是喷枪与工件的距离，还是输出的油漆量和雾化效果，喷涂机器人都由机械工程师提前设定相应的指令、程序，因此其喷涂的稳定性和一致性较高，减少了油漆的无效消耗。喷涂机器人工作范围大、喷涂质量稳定、材料利用率高、易于操作和维护，已广泛应用于汽车、仪表、电器、搪瓷等制造行业。由于涂料是易燃易爆品，所以喷涂机器人一般采用液压驱动，而非电气驱动。

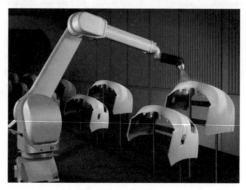

◎ 图 2-8　喷涂机器人

6. 人与机器协作生产

　　当传统工业机器人继续在各行各业发挥着光和热时，协作机器人以其更智能、更人性、同人类一起完成复杂作业的能力，作为一股新兴的力量正在崭露头角。例如，一提到大名鼎鼎的工业机器人生产企业发那科，人们首先想到的就是标志性的黄色。然而，发那科却研制出了一台绿色的机器人，如图 2-9 所示。这台机器人便是发那科研发的协作机器人 CR-35iA，其最大特点是无须在周围加装护栏，就可与人一起协同工作。

◎ 图 2-9　发那科研发的协作机器人 CR-35iA

与之形成鲜明对比的是，传统的工业机器人只能在围栏里工作，以避免碰伤周围的人员。协作机器人的奥妙在于，它集成了诸多力学传感器，可以感应任何触碰，并随时停止可能带来伤害的移动，使得工作人员不会因为碰到它而受伤。近几年来，协作机器人的外敷材料也在持续迭代，由坚硬的金属铸件迭代为柔软的橡胶。协作机器人开始走出围栏，初步具备了与人类一起协同工作的能力。

协作机器人的出现改变了人们长期以来对工业机器人形成的固有观念。具备轻便灵活、编程方便等特点的协作机器人，可以弥补全手动装配生产线与全自动生产线之间的差距。同时，较低的成本和较强的通用性将使协作机器人成为中小企业的福音。

不仅是发那科，如今世界各大机器人厂商都在加快协作机器人的研发步伐。那智不二越的概念型协作机器人配备了一套视觉图像采集系统，同时拥有两条 6 轴的机械手臂，可以灵活地抓取物件，如图 2-10 中的左图所示。该机器人腰部安装的旋转轴可以保证它随时转动，以便观察周围环境，主要应用于高灵敏度的组装生产线。另一个机器人厂商 ABB 也推出了协作机器人 YuMi，如图 2-10 中的右图所示。该机器人双臂之间的距离不足一米，全身用软性材料包裹，配备全新的力学传感技术，以保障操作人员的安全。YuMi 具有工作范围大、操作灵活敏捷、操控精度高等特点，能够轻松应对各种小件的组装任务，如机械手表的精密部件安装，手机、平板电脑和台式电脑零件的处理，等等。

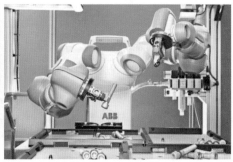

◎ 图 2-10　那智不二越的概念型协作机器人（左）和 ABB 的协作机器人 YuMi（右）

库卡公司发布的一款 7 轴轻型灵敏机器人 LBR iiwa，重量不超过 30 公斤，负载却可以达到自身重量的一半，如图 2-11 中的左图所示。LBR iiwa 所有的轴都具有高性能碰撞检测功能，同时集成了关节力矩传感器，大大加强了自身的灵敏度、灵活度、精确度和安全性。Rethink Robotics 公司也推出了智能协作机器人 Sawyer，如图 2-11 中的右图所示。该机器人身高约 1 米，自重 19 公斤，具备 7 个自由度，能够进入非常狭窄和拥挤的空间。友好的人机交互风格、独特的柔顺控制技术能保证 Sawyer 和人类并肩进行安全高效的工作。此外，Sawyer 还能独立完成许多工作，如机器操控、电路板测试等。

◎ 图 2-11　LBR iiwa（左）和 Sawyer（右）

在不久的将来，工业机器人将成为人类劳动能力的延伸，与人的融合将更加紧密。如果说传统的工业机器人是一台任劳任怨的智能设备，那么协作机器人正实现"机器"向"机器人"的跨越。人机协作模式不仅极大地拓展了机器人的应用场景，移除了传统工业机器人工作时必要的防护措施，降低了机器人的使用技术门槛，更在真正意义上实现了人与机器人的柔性协同作业。越来越多的协作机器人将会进入智能化生产车间，与人类同事一起完成工作，衍生出全新的生产方式和管理模式，极大地提高生产力水平。

7. 微型制造的能手

微型制造技术有着较为广阔的市场前景，近年来发展势头迅猛。新型抗磁性微操作技术（DM3）的问世，或将为微型制造领域带来深刻的影响和变革。

DM3 是由美国斯坦福国际咨询研究所开发的。提到这家研究所，可能很少有人听过它的名字，但是只要提到在这里诞生的产品——鼠标、Siri 和外科手术机器人等，恐怕无人不知、无人不晓。通过 DM3，人们利用印刷电路板就可以驱动和控制数以千计的微型机器人。SRI Bots 微型机器人如图 2-12 所示。这取代了传统的机械控制，灵活性更强，也不再受空间与疲劳力学的限制。实际上，SRI Bots 微型机器人是一个个的小磁体，其主体部分是相同的，只是末端执行器按需求匹配，以实现精准操控。更厉害的是，这些微型机器人还能够制造工具为己所用。未来，这些微型机器人能在快速成型、光电混合电路制造、生物组织制造等微型制造中发挥重要作用，甚至有望运行一个微型工厂。在这个微型工厂里，数以千计的微型机器人进行通用集成，实现毫米级的精确控制，以制作品质优良的工业产品。

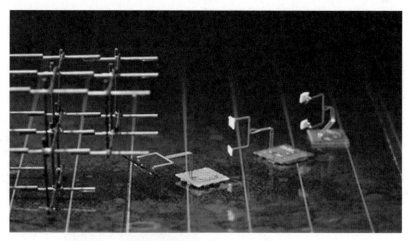

◎ 图 2-12 SRI Bots 微型机器人

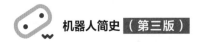

（二）服务机器人

在种类繁多的机器人当中，哪些机器人最贴近我们的生活，让我们感觉亲切呢？当然是服务机器人了。作为机器人家族中的年轻成员，服务机器人能为我们提供各种各样的服务。它可打扫我们的房间，可陪护我们的家人，可愉悦我们的身心，甚至在不久的将来还可与我们促膝交谈。服务机器人正在成为我们工作、生活中必不可少的小伙伴。

服务机器人主要从事陪伴、运输、清洗、保安、救援、监护等工作。通过配备影像、语音、触觉等各式传感器，结合人工智能深度学习算法，服务机器人能及时对外在情况做出反馈且具备自主学习能力，智能化程度持续提高。服务机器人可分为个人/家庭机器人和公共服务机器人两大类，由早期的扫地机器人、送餐机器人等成熟产品，逐渐向情感机器人、教育机器人、医疗手术机器人、大厅引导机器人、商业清扫机器人等方向延伸，服务领域和服务对象不断丰富。

1. 家务活的好帮手

开门七件事：柴米油盐酱醋茶。对普通百姓来说，家务活是每天都要做的"功课"。但随着生活节奏的不断加快、工作压力的不断加大，现代都市白领们越来越没有精力去做家务了。面对乱糟糟的房间、杯碟狼藉的厨房，该如何是好？别急，家庭服务机器人或许可以帮上忙。

2010 年 4 月，美国加利福尼亚大学的科研小组研制了一款收纳机器人，它能将散落在地上的毛巾按照大小、颜色和质地进行分类并折叠整齐，如图 2-13 所示。之后，科研人员还让它学会了其他物品的整理收纳。若有这么一台机器人在家里，我们就不用自

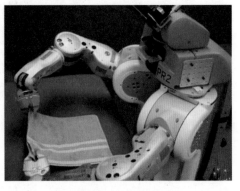

◎ 图 2-13　收纳机器人

已去收拾房间了。

收纳机器人内含当前最先进的收纳知识，通过对房子的整体扫描，完成每个房间各个区域的一对一收纳工作。同时，收纳机器人还具备人机交互功能。如果用户有特别的生活习惯和特殊的物品摆放秩序，可以通过语音告知收纳机器人注意事项，收纳机器人会在之后的收纳工作中匹配用户个性化的收纳需求。

2006 年，深圳繁兴科技成功研制出了自动烹饪机器人"爱可"，如图 2-14 中的左图所示。可别小看这台小小的烹饪机器人，它不仅会烤、炸、煮、蒸等烹饪工艺，还可以实现炒、熘、爆、煸等技法，做出的菜肴色香味俱全，让人赞不绝口。2015 年，英国莫利机器人公司研发出了一款厨房机器人，名为莫利，如图 2-14 中的右图所示。只要输入食谱，莫利就能娴熟地完成搅拌、下料、烹饪和装盘等工序，并在 25 分钟内做出一道让主人赞不绝口的蟹肉浓汤。

 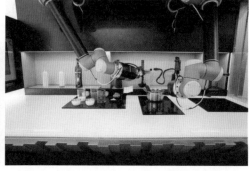

◎ 图 2-14 自动烹饪机器人"爱可"（左）和厨房机器人莫利（右）

烹饪机器人将烹饪工艺的灶上动作标准化并转化为机器人可解读的语言，再利用机械装置和自动控制、计算机处理等现代技术，模拟实现厨师的工艺操作过程。在将准备好的主料、配料全部一次性投入后，烹饪机器人根据菜谱选择标准的成分和质量，通过旋转主轴的转动，带动调料和食材的旋转装置进行多角度的变换，实现自动热油、自动翻炒、自动控制火候。

除了上述家庭服务机器人，目前已经"飞入寻常百姓家"的要数扫地机器人了。扫地机器人，又称自动打扫机、智能吸尘器、机器人吸尘器等，能完成清扫、吸尘、擦地等工作，如图 2-15 所示。

◎ 图 2-15　扫地机器人

早在 2001 年，扫地机器人就已经面世了。它通过对房间大小、家具摆放、地面清洁度等因素进行检测，并依靠内置的算法制定合理的清洁路线，将地面杂物纳入自身的垃圾收纳盒，从而完成地面清理的功能。扫地机器人采用了超声波仿生技术，不但能躲避障碍物，还可以在全黑的环境下进行工作，使夜间清扫成为可能。后来，生产厂家又为扫地机器人加载了许多人性化的功能，如自动设计行进路线、在电量不足时自动驶向充电座等，极大地方便了我们的生活。

2. 表演娱乐界的新星

有了家庭服务机器人，你就可以在工作之余享受惬意的生活了。但也许你会感慨，如果有机器人能陪着自己消遣娱乐那该多好啊！娱乐机器人应运而生。娱乐机器人是以供人观赏和娱乐为目的的机器人。娱乐机器人在外形上通常像人或像某种动物，通过集成人工智能技术、声光技术、可视通话技术等，具备行走或完成动作的能力，并通过语音、声光、动作及触碰反应等与人交互。

2015 年，日本庆应大学在日本高新技术博览会上展示了一台会写毛笔字的机器人，如图 2-16 中的左图所示。该机器人从提笔、运笔，到最后落笔一气呵成，写出的字几乎和书法家写的一模一样。原来，这台机器人利用一套自主模拟系统，可以学习真人书写毛笔字的动作。通过参考采集到的相关运动数据，计算机系统控制机械手进行写字。在 2016 世界机器人大会上展出的王阳明机器人，不仅外形惟妙惟肖、栩栩如生，而且可以向观众们展示书法技艺，如图 2-16 中的右图所示。相信不久之后，这些机器人"书法家"就可以办一场作品展了。

◎ 图 2-16　会写毛笔字的机器人（左）和王阳明机器人（右）

如果你看腻了真人表演的舞蹈或摇滚，那么机器人演员的出场也许会带给你全新的感受。2014 年 3 月，在德国汉诺威国际信息及通信技术博览会上，一对真人大小的白色机器人在舞台上为观众表演了一段劲爆的钢管舞，如图 2-17 中的左图所示。这对舞蹈机器人由英国艺术家用旧汽车零件打造而成，所有的舞蹈动作由工程师通过计算机控制完成。2014 年 5 月，来自德国的 Compressorhead 机器人乐队在莫斯科一场名为"机器人舞会"的展览会上亮相，为观众带来了精彩绝伦的演出，如图 2-17 中的右图所示。

◎ 图 2-17　舞蹈机器人（左）和 Compressorhead 机器人乐队（右）

2019 年，在央视春晚广东深圳的分会场，出现了优必选公司提供的 6 个大型仿人舞蹈机器人，如图 2-18 所示。站在舞台中央的它们时而跳着富有节奏感的 Popping（震感舞），时而变换队形，跟一众专业舞蹈演员配合起来也不落下风。

◎ 图 2-18　优必选公司提供的仿人舞蹈机器人

3. 寓教于乐的机器人

孩子们永远是最富有好奇心和探索欲的。将充满科技感的机器人和新奇的知识结合起来，寓教于乐，往往能起到事半功倍的效果。

中小学广泛应用的课程模式是分科教学模式，即数学、科学等学科教师负责教授各自科目，很少重视学科之间的联系。STEAM 教育则整合了机械力学、工程结构、计算机编程、逻辑训练等结构化的知识体系，是一种综合课程模式的具体应用。STEAM 教育可以锻炼学生多方面的能力，包括逻辑思维和团队协作能力，并且让学生在实际动手后形成自己的理解。

乐高机器人是一个基于 STEAM 教育的机器人开发示教平台，由乐高公司和美国麻省理工学院媒体实验室联合开展的一项"可编程式积木"研究项目发展而来，集合了可编程主机、电动马达、传感器、乐高科技等部分，如图 2-19 所示。孩子们可以通过这款教育玩具学习、实践机器人编程的基础知识，培养、锻炼机器人模块化搭建的能力。

◎ 图 2-19　乐高机器人

Kibo 是 KinderLab 公司推出的一款专门为 4 到 7 岁儿童设计的教学机器人，如图 2-20 中的左图所示。儿童可以用木块来为这款机器人编程，在玩耍的同时，学到了编程知识。北京水木寰虹推出的 i 奇机器人系列产品则可以帮助学生掌握变量、数组、浮点运算等具体编程技能，如图 2-20 中的右图所示。

◎ 图 2-20　Kibo 教学机器人（左）和 i 奇机器人（右）

除了培养孩子们编程技能和逻辑思维的机器人，还有具有陪伴功能的机器人。科大讯飞推出的阿尔法蛋教育陪伴机器人，围绕不同年龄段儿童的成长特性，设计科学的内容体系，为孩子提供精选的成长资源，如图 2-21 所示。同时，家长可以依据孩子的学习进度和学习兴趣，实时调整和推送孩子成长所需的内容。教育陪伴机器人通过智能语音识别实现人机交互行为，实现与孩子较为逼真的情感交流互动，在带给孩子暖心陪伴的同时，引导孩子快乐学习、健康成长。

◎ 图 2-21　阿尔法蛋教育陪伴机器人

4. 技能教学的实训辅助

教学机器人是一种进行成人专业技能培训的实验平台，建筑、医学、交通、金融等行业的多种专业技能都可以在教学机器人的辅助下，被更好地理解和掌握，从而使学生的实战能力得以提高。

日本东京昭和大学开发的"昭和花子 2 号"牙科训练模拟机器人，会通过眨眼、吞咽口水或咳嗽等动作来模拟病人的不适反应，让实习牙医们能尽快掌握各种牙科手术，以避免给病人带来痛苦。图 2-22 展示的就是正在接受"治疗"的"昭和花子 2 号"牙科训练模拟机器人。

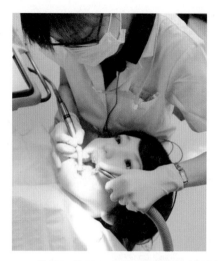

◎ 图 2-22 "昭和花子 2 号"牙科训练模拟机器人

    如果你想学习乒乓球或羽毛球了，也不必担心没"人"教你。想打乒乓球，北京理工大学等研制的"汇童"机器人和浙江大学研制的"悟空"机器人可以与你过过招，如图 2-23 中的左图所示。想打羽毛球，电子科技大学学生创业公司研发的机器人 Robomintoner 可与你一较高下，如图 2-23 中的右图所示。怎么，不把这些机器人放在眼里？要知道，Robomintoner 的竞技能力已经达到普通羽毛球爱好者的水平，你未必能赢得了它。

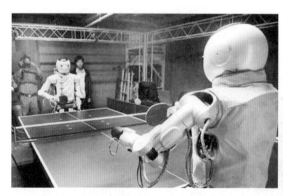

◎ 图 2-23 乒乓球机器人"悟空"（左）和羽毛球机器人 Robomintoner（右）

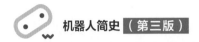
5. 贴心的护理机器人

养老是大家都比较关心的问题。就中国的现状而言，儿女经常要忙于工作，无暇陪护家里的老人，照顾他们的起居。请保姆费用较高，而且还会有很多顾虑。老年人不仅需要在生活上得到帮助和照料，更需要精神的陪伴和安慰。作为未来服务机器人的重点发展领域，护理机器人可以让老年人老有所养、老有所依。

事实上，一些护理机器人产品已经出现在我们身边。对那些照顾老年患者的护工而言，"肌肉套装"是他们所需要的辅助工具。这套辅助工具可以为人体提供额外的动力，帮助护工增强力量。它的外观很像一个背包，里面存放着一些压缩空气，通过为背部和臀部提供额外的支撑，帮助护工们轻松举起行动不便的老年人。另外一款叫作"Lightbot"的类似手杖一样的装置，可以为视力下降的老人提供定位服务和路线指引，同时帮助他们对道路上潜在的危险做出预判和防范，其作用有点类似于导盲犬，如图 2-24 中的左图所示。

意大利国家科研委员会研发出一款叫作"罗宾先生"的监测机器人，其可以在用户和医疗陪护中心之间建立良好的沟通渠道，如图 2-24 中的右图所示。通过对机器人进行远程控制，医生和护工们可以随时为家中的老年人提供交流服务和必要的医疗建议。一旦发生紧急情况，医生可以在第一时间知晓并进行快速救援。未来，这种机器人有望改善独居老人的日常生活。

◎ 图 2-24 "Lightbot"装置（左）和"罗宾先生"监测机器人（右）

丰田推出一款名为 HSP 的陪护机器人，如图 2-25 中的左图所示。它的外观呈圆柱状，自身携带一台平板电脑，不仅能捡起地板上的物体，还能从架子上拿东西，可以为那些行动不便的老人提供帮助。未来，HSP 甚至可以帮助护理对象穿衣、戴帽。我国的沈阳新松也推出了一款包括生理信号监测、语音交互、远程医疗等功能的陪护机器人，可服务于各类养老院和社区服务站，如图 2-25 中的右图所示。该机器人不仅能监测老人的血压、心跳、血氧等指标，还可以通过语音和触屏的方式与老人进行互动，陪他们聊天解闷。

◎ 图 2-25 丰田（左）和新松（右）的陪护机器人

无论你是否喜欢，护理机器人正逐渐向我们走来。这些"护工"不会抱怨工作繁忙，也不会因为你随时随地无休止的要求而感到厌烦。它们只会无微不至地照顾你，一直陪伴在你的身边。

6. 现实世界的钢铁侠

想不想像托尼·斯塔克一样拥有一身钢铁外衣，上天入地，无所不能？在现实生活中，你也可以变身"钢铁侠"，拥有超于常人的力量和灵活性。而对残疾人士来说，这些"钢铁四肢"可以让他们重获自由的躯体。以上这些场景，都可以在助残康复机器人的帮助下实现。

机械外骨骼是助残康复机器人的一种，主要分为两类：一类是用于增强正常人活动能力的外骨骼，另一类是用于帮助残疾人、病人恢复行动能力的外骨骼。"HULC"和"XOS-2"是世界上比较知名的增强型机械外骨骼。"HULC"能够通过提供外力增强人的机动性和支撑性，其最大负重量可以达到 90.7 千克，如图 2-26 中的左图所示。"XOS-2"可以帮助穿戴者举起重物，使其更快、更高效地完成任务。装备穿戴者可以轻松完成上千次俯卧撑，轻而易举地举起约 90 千克重的物体，单手劈开约 8 厘米厚的木板，如图 2-26 中的右图所示。

◎ 图 2-26 "HULC"机械外骨骼（左）和"XOS-2"机械外骨骼（右）

目前，帮助残疾人士恢复行动能力的机械外骨骼产品也层出不穷。Rex 是由新西兰 REX Biotics 公司研制的机械外骨骼，可以帮助使用者轻松站立、行走，以及上下楼梯和斜坡。它甚至可以让完全瘫痪的使用者实现独立行走。Rex 机械外骨骼如图 2-27 中的左图所示。以色列系统提供商 ReWalk Robotics 公司研制的 Rewalk 产品，能够帮助腿部不便的使用者恢复一部分下肢运动能力，甚至可替使用者走路，如图 2-27 中的右图所示。Rewalk 是第一套被美国食品药品监督管理局批准的家用机械外骨骼设备，这标志着机械外骨骼机器人从此走出了实验室和康复中心，进入普通民众的生活。

◎ 图 2-27　Rex 机械外骨骼（左）和 Rewalk 机械外骨骼（右）

与机械外骨骼不同，机械假肢是为肢体残缺者专门设计和制作的机械装置。它可以代替肢体的部分功能，帮助使用者恢复生活自理能力。DEKA 的 "Luke" 是世界上第一款能够快速接收使用者的神经信号并做出反应的智能假肢。使用者可用意念控制 Luke，能轻松地做出喝水、吃饭、拿东西等日常生活中的动作，如图 2-28 所示。目前，Luke 也已经取得美国食品药品监督管理局的认证。

◎ 图 2-28　Luke

7. 无人驾驶带君出行

如果能让汽车自动驾驶，那么你就再也不用在拥堵的车流中心慌意乱，也不用在陌生的区域不知所措了。无人驾驶汽车的应用价值不止于此。曾有研究报告指出，无人驾驶汽车的广泛应用与普及，将使城市道路上的汽车总数减少

60%，使汽车尾气排放下降至少 80%，使道路交通事故减少近 90%。这无疑将掀起一场波澜壮阔的全球城市变革。

目前，对无人驾驶汽车技术的研究可以分为机器人和智能交通两个层面。前者是使汽车机器人化，即通过综合应用毫米波雷达、激光雷达和光学摄像头等多种传感器来使汽车感知车身周围的环境，然后车载计算机根据环境的变化，结合汽车工况信息，综合计算出下一秒的控制策略，并将控制指令发送到汽车自动控制机构里执行，形成一个闭环控制系统，整个周期可以用毫秒来计算。然而后者才是关键，因为前者只是解决了汽车会不会自动开的问题，这就好比一个不认识路的司机并不能带你到目的地一样，光靠前者解决不了无人驾驶的问题，充其量只能称为自动化汽车。而要让无人驾驶汽车带你到目的地，还必须靠智能交通来实现。

智能交通也分为两个层面，一个层面是路径规划，另一个层面是模式识别。路径规划就像地图上的路线设定，本质是路径优化问题，而模式识别就比较复杂了，因为路上不止一辆车在跑。举个例子，从 A 点到 B 点有三条路，如果大家都选同一条路走，交通就堵塞了，但是选哪一条路走并不仅仅取决于个人，还取决于大家怎么选，这就变成了一个博弈问题。因此，当前无人驾驶汽车技术的研发难点就在于此。

在众多从事自动驾驶研究的科技公司与汽车巨头中，最引人关注的就要数谷歌了。因为谷歌在自动驾驶领域已经处于某种程度的领先地位了——在其他公司都还在进行小范围内部测试的时候，几十台挂着谷歌标志的无人驾驶汽车已经在美国的街道上大摇大摆地跑了好几年了。从 2009 年项目启动到 2016 年 9 月底，谷歌各类无人驾驶汽车已经在自动模式下累计行驶了 322 万千米，并于 2012 年拿到了由美国内华达州机动车辆管理局颁发的世界上第一张无人驾驶汽车牌照，如图 2-29 所示。下一步，谷歌将继续优化技术细节，争取在几年内将无人驾驶汽车商用。

◎ 图 2-29 世界第一辆有牌照的无人驾驶汽车

通用集团和本田紧随其后，联合发布无人驾驶小巴。车内没有配置方向盘，同时取消了刹车和油门踏板，彻底抛开了人类驾驶员的控制。无人驾驶小巴集成了由摄像头和雷达组合而成的"猫头鹰"传感硬件系统，通过像猫头鹰的头部一样旋转扫描，更好地对周围环境建模，躲避一些潜在的障碍物或风险，如行人或骑自行车的人，如图 2-30 所示。

◎ 图 2-30 无人驾驶小巴

我国的一些科研机构和企业在无人驾驶方面紧追国际步伐。例如，国防科技大学研发的红旗 HQ3 无人车、北京联合大学与北汽集团共同开发的"京龙 2 号"无人驾驶智能汽车等。百度作为国内互联网巨头之一，也较早进入了自动驾驶的研究领域。百度在美国加利福尼亚州部署了 4 台自动驾驶测试车，仅 2019 年就进行了总计约 174300 千米的测试，在测试过程中人工接管次数为 6 次。这个成绩直接超过谷歌和通用集团，成为 2019 年加利福尼亚州自动驾驶路测数据报告的最好成绩。截至 2016 年 10 月，我国的百度无人车已取得由美国加利福尼亚州政府颁发的无人驾驶汽车测试牌照，这意味着我国无人驾驶汽车将在国际舞台上与国外产品同台竞技。

8. 展翅翱翔的无人机

20 世纪 90 年代，随着微机电系统研究的成熟，重量只有几克的 MEMS 惯性导航系统被开发运用，无人机仿佛在一夜之间从高深莫测的军事装备变成了人人可得的高级玩具。不管是辅助交通、监管景区，还是旅游航拍、商业表演，无人机都展现出了显著的价值与魅力。许多款式的航拍无人机和消费级无人机都备受摄影爱好者的追捧。

2015 年，英特尔展示了世界上第一款可穿戴的无人机设备——Nixie，如图 2-31 所示。这个新奇的玩意儿在折叠后可以戴在手腕上，在展开后可以变成一架四旋翼无人机，并可在飞行过程中拍摄照片或视频，被称为"可以航拍的神器"。

◎ 图 2-31　英特尔可穿戴无人机 Nixie

2015 年，谷歌展示了两款新型无人机，其中一款用于谷歌地图拍摄的机型已投入使用，另一款则用来递送物品，如图 2-32 所示。尽管中间曾经发生过无人机坠毁事件，但是谷歌仍然对无人机的应用前景表示乐观。2015 年 7 月，作为谷歌"潜鸟"计划（Project Loon）的一部分，斯里兰卡宣布将利用谷歌无人气球为全国提供上网服务。这意味着斯里兰卡成为第一个全面覆盖互联网的国家，也成为首个实施"潜鸟"计划的国家。

◎ 图 2-32　用于谷歌地图拍摄的无人机（左）和递送物品的无人机（右）

作为互联网巨头的Facebook，在与谷歌的竞争中自然不会甘拜下风。2014年，Facebook 宣布收购英国无人机制造商 Ascenta，并招聘有飞行设备相关研发经验的工程师，这表明其意在进军无人机领域。在 2015 年 7 月，Facebook 宣布完成"天鹰"（Aquila）无人机的建置工作，目标是向全球没有联网设施的边远地区提供无线网络服务，如图 2-33 所示。

◎ 图 2-33　Facebook 的"天鹰"无人机

得益于完善的制造体系和较低的制造成本，我国无人机企业迅速在全球民用无人机市场站稳脚跟。大疆作为领头羊，在我国乃至全球消费级无人机领域有着绝对的市场份额、话语权和口碑优势。尤其是在其所擅长的飞控和航拍方面，长期的技术积累和品牌塑造使大疆的消费级无人机在业界拥有不可撼动的地位，如图 2-34 所示。针对消费级无人机面对的摄影爱好者群体，大疆有针对性地提升了图像处理水平和防抖云台风控技术，显著地改善了无人机拍摄效果，精准地吸引到庞大的摄影爱好者群体。

◎ 图 2-34　大疆的消费级无人机

如果你认为无人机只是一种玩具，那就大错特错了。从参与军事侦察、火力打击，到提供运输服务，再到应用于航拍、勘察、通信等领域，无人机正在发挥着越来越重要的作用。未来无人机的主要应用领域如表 2-1 所示。就传统的无人机技术而言，提高飞行的稳定性和可靠性是研发人员努力的方向。未来，随着大数据、云计算的普及应用，无人机将朝着数据化、智能化的方向发展。

表 2-1　未来无人机的主要应用领域

应 用 领 域	主 要 用 途
农业	无人机监控灾害，收集作物健康与产量的实时数据
能源	能源公司利用无人机监控输油管道和钻塔
房地产与建筑	对高尔夫球场、摩天大楼等拍照、勘察，通知地产商，同时监控工程进度
快速响应与紧急服务	无人机利用红外传感器辅助灭火，参与废墟或雪崩寻人的搜救行动
新闻	使用无人机可以更快、更安全地报道突发新闻

应 用 领 域	主 要 用 途
包装／供应交付	建造无人机网络向全球的偏远地区运送食品和医疗用品
摄影／电影	视觉艺术家利用无人机捕捉优美画面和拍摄角度
科研／保护	在无人机的帮助下，科研和环保人员可以计算阿拉斯加州的海狮数量，进行气候、环境研究，乃至跟踪非洲大草原的兽群移动
执法	辅助执法人员追踪犯罪分子，监控跨境毒品走私
娱乐／玩具	为人们提供日常娱乐服务

未来的无人机领域会出现哪些全新的应用场景呢？传授花粉只是蜜蜂的专利吗？当然不是，像蜜蜂一样大的无人机完全可以胜任这项工作，而事实上科学家们已经将此设想变成了现实。如果你还担心孩子上下学会遇到危险，那么在将来，会有一小支"无人机舰队"为孩子保驾护航。未来，高清摄像设备与人脸识别技术的结合可令无人机随时随地掌握各种动态。当然，这会引发一系列的道德和法律问题，需要建立相关的制度进行约束。未来无人机能做的事情比我们想象的还要多，这一切才刚刚开始。

9. 公共场合的导引者

不知你是否发现，在我们居住的城市中有这样一群特殊的"市民"，它们不吃不喝、不计回报，默默地服务在各个角落。是的，它们就是公共服务讲解导引机器人。

近年来，Shopping mall 这种商业形态快速兴起，一时成为人们消费的首选。其拥有超大规模的购物空间，内置各种娱乐设施及丰富的购物场景，最适合消费者全家出动。场景化的商业空间、沉浸式的消费体验让消费者能够在舒适的环境中购物、休闲或聚会。拥有交互大屏的讲解导引机器人"秀宝"如图 2-35 所示。其利用核心定位导航技术及自主交互判断算法，在商场入口、中庭等流量密集区域巡游展示和主动交互，不受空间限制地将店铺和商品信息精准投放给目标消费者，为每个家庭提供吃、喝、玩、乐的一站式服务。

◎ 图 2-35　讲解导引机器人"秀宝"

　　如今，博物馆、科技馆、纪念馆等展馆也逐步普及多媒体导引机器人。多媒体导引机器人与传统的多媒体查询机相比更加生动，带动了观众的参与性。多媒体导引机器人一般被放置在大厅门口或大厅醒目处，当参观人员进入展厅时，它就会主动打招呼，并举起手臂做招手动作欢迎大家的光临，如图 2-36 所示。

　　多媒体导引机器人融合了人脸跟随、人脸识别、声源定位、语音对话等技术，可识别和锁定人脸，头部跟随人脸转动，并且支持特定名称和问候语的声源定位，可主动转向说话者的方向，时刻与说话者保持互动。同时，多媒体导引机器人可自主行走并规避行进中的障碍物，实现自动引导，带领观众进行参观。当机器人行走到相应讲解点位时，开始播放关联文件，对固定的展品进行讲解。讲解可由触摸、遥控、声控等多种形式触发，观众可通过语音要求暂停或跳到下一个讲解点。

如果你在异国他乡旅游，不小心迷路了，也无须紧张，机器人向导会为你答疑解惑。2013 年 8 月，一款名为 Jurek 的交互式城市管理机器人现身波兰卢布林街头，如图 2-37 所示。Jurek 能够为市民提供监管、指路、信息咨询等多种服务，也能做出多个不同的表情，调皮可爱。无论走到哪里，Jurek 都能引来众多好奇的围观者。

◎ 图 2-36　多媒体导引机器人

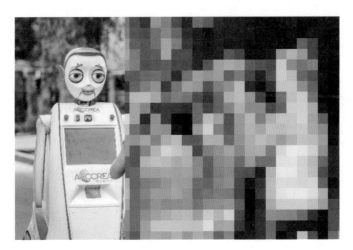

◎ 图 2-37　机器人 Jurek

10. 餐厅的智能服务员

在德国伊尔梅瑙的一家酒吧里，调酒机器人 Carl 可以熟练地为客人调制酒品，不消多时，一杯色彩斑斓的鸡尾酒就会被它送到客人面前，如图 2-38 中的左图所示。我们在一些饭店里也会见到送餐机器人的身影，它们通常具有智能送餐、自动充电、智能语音等功能，可以代替服务员从事繁忙的送餐工作，如图 2-38 中的右图所示。

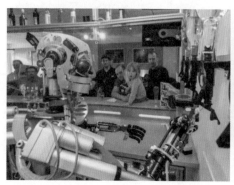

◎ 图 2-38　调酒机器人 Carl（左）和送餐机器人（右）

送餐机器人的工作流程是从取餐口把菜品运输到输入设定的位置，再返回取餐口等待下一次指令。在取餐口，由服务人员在屏幕上输入餐桌号，机器人开始送餐。在送餐机器人到达指定位置后，由服务员或顾客从托盘上把菜端到餐桌上。机器人在送餐的过程中可以通过自带的避障装置绕开障碍物，如遇到在餐厅跑来跑去的小孩，送餐机器人就会停下来，并用语音提醒其让开。

送餐机器人已经悄无声息地进入诸多品牌餐厅中，而且已经成为机器人行业中最接地气的公共服务机器人产品。送餐机器人的出现，一方面是为了应对餐饮业招工难的现状，另一方面也是为了将这种新兴的送餐方式推向市场。

11. 城市的安全巡检员

对一些存在安全隐患的场所定期检查可以防患于未然，巡检机器人正是处理这些问题的好帮手。ReconRobotics 公司研发的抛式侦查机器人 Throwbot XT，大小和一个啤酒罐差不多，如图 2-39 所示。使用者可以将其扔进屋里或屋顶上，然后通过遥控器控制机器人进行侦察。手持式遥控器上面有一块屏幕，可以显示 Throwbot XT 上摄像头实时拍摄的情况。这种机器人可以应用在一些人员不便查看的场所，如狭窄空间和危险地带。

电力巡检一直是巡检机器人的主要工作。电力系统安全对国民经济的发展起着无可替代的作用，任何一个环节发生事故，都可能带来连锁反应，会造成大面积的停电、主设备损坏，甚至造成全网崩溃的灾难性事故。传统人工巡检方式存在劳动强度大、工作效率低、检测质量分散、手段单一等不足之处，人工检测的数据也无法被准确、及时地接入管理信息系统。机器人落地电力巡检，彻底打破了

◎ 图 2-39 抛式侦查机器人 Throwbot XT

地域与气候对巡检的限制，极大程度地减少巡检的盲区，在保证巡检精确性的同时，节约了巡检的人力成本与支出。电力巡检机器人如图 2-40 所示。

◎ 图 2-40 电力巡检机器人

巡检机器人在园区管理方面的应用也在逐步落地。园区巡检机器人在巡检过程中自动捕捉路况、消防位、广告牌、垃圾堆积等记录，将其上传至后台监控室供人员分析，如图 2-41 所示。数台巡检机器人的加入可为园区的安全性提供保障。此外，巡检机器人可以 24 小时不间断地巡逻，替代人工完成对火灾等异常情况的实时监测，规避了因人工收集数据而导致分析错误出现。当有异常

数据出现时，巡检机器人能迅速传输信号进行报警，保证安全问题。

◎ 图 2-41　园区巡检机器人

　　城市地下综合管廊是巡检机器人的重要工作场景。城市地下综合管廊把市政、电力、通信、燃气、供水排水等各种管线集于一体，短则几千米，长则数十千米，巡检人员不可能完全实时掌握地下综合管廊的运行情况。因此，引入巡检机器人对地下综合管廊进行动态巡检与在线监测，并对燃气泄漏、水管破损等情况进行综合监测与分析诊断，具有深刻的应用意义。操作人员通过控制巡检机器人在管道内爬行，利用搭载的高清摄像机对管道内的污垢、腐蚀、穿孔、裂纹等状况进行全方位探测，实现远程探视，如图 2-42 所示。

◎ 图 2-42　城市地下综合管廊巡检机器人

12. 逼真的仿人机器人

仿人机器人最符合人们心中的机器人形象，因此对仿人机器人的研制从未停歇，古代层出不穷的各种自动玩偶就是明证。1969 年，日本早稻田大学的加藤一郎研发出了世界上第一台用双脚走路的机器人，因此被誉为"仿人机器人之父"。现在的仿人机器人种类繁多，主要包括高仿人形机器人、多功能人形机器人、生化机器人、场地机器人等类型。

高仿人形机器人在外貌上与人类高度相似，可以惟妙惟肖地模仿人的神态和表情。比较有名的高仿人形机器人要数日本的机器人 Geminoid F 了。"她"的皮肤由柔软的硅胶制成，肤色和触感都与真人基本无异，"她"能够做出眨眼、微笑、皱眉等 65 种不同的面部表情，如图 2-43 中的左图所示。诞生于 2016 年的"佳佳"，则是我国高仿人形机器人的典型代表，如图 2-43 中的右图所示。"佳佳"肤白貌美，五官精致，初步具备了人机对话、面部微表情、口型及躯体动作匹配、大范围动态环境自主定位导航等功能。

◎ 图 2-43 机器人 Geminoid F（左）和机器人"佳佳"（右）

多功能人形机器人在结构上与人体相似，研究人员可以通过添加不同的功能模块，赋予其完成多种任务的能力。日本本田公司研发的阿西莫和美国波士顿动力公司研发的阿特拉斯算是世界上最有名的多功能人形机器人了。

诞生于 2000 年的阿西莫，除具备行走功能及各种人类肢体动作之外，还能依据人类的声音、手势等指令做出相应的动作。它不但能跑能走、上下楼梯，还会踢足球和开瓶倒茶，动作十分灵巧。此外，阿西莫还具备了基本的记忆与辨识能力，其外观设计也越来越像人类，如图 2-44 所示。

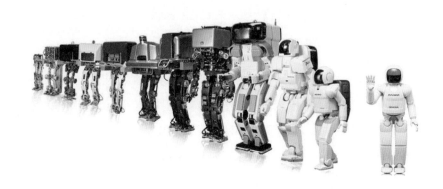

◎ 图 2-44 阿西莫的进化历程（2000—2017）

问世于 2015 年的升级版阿特拉斯，全身由航空级铝钛材料打造，拥有液压驱动的四肢，以及 28 个液压关节，头部还配备两个视觉系统——激光测距仪和立体照相机。它拥有较强的机动能力和灵活性，可以靠双足行走，上肢可举起或搬运重物，如图 2-45 中的左图所示。在遇到较为复杂的地形时，它甚至可以手脚并用，应对挑战。

2017 年 3 月，美国波士顿动力公司又发布了最新机器人产品"Handle"，其最大特点是集轮子和腿为一体，从而兼具了轮式机器人和腿式机器人的优势，如图 2-45 中的右图所示。该机器人高约 1.98 米，行进速度为每小时 14 千米，垂直跳跃高度约为 1.2 米，综合采用了电机和液压驱动器，一次充电的续航能力约为 24 千米。虽然在短期内还无法商用，但"Handle"无疑引领了人形机器人的发展方向。

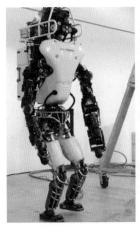

◎ 图 2-45　升级版阿特拉斯（左）和"Handle"（右）

　　除阿西莫、阿特拉斯、"Handle"等机器人外，由法国 Aldebaran Robotics 研制的 NAO 和 Pepper 也是多功能人形机器人中的翘楚，如图 2-46 所示。NAO 支持多种编程方式，允许用户探索各种实际应用场景，有望广泛应用于智能家居、人机交互、家庭娱乐、老人陪护、儿童教育、自闭症治疗等领域。Pepper 配备了语音识别技术、情绪识别技术，以及用于调整姿态的关节技术，可以与人类进行交流。

◎ 图 2-46　NAO（左）和 Pepper（右）

随着科学家们为机器人配备模拟人体的器官组织，生化机器人应运而生。2012 年，塞尔维亚贝尔格莱德大学 ETF 机器人研究小组研制了一款外形奇特的生化机器人——ECCE，如图 2-47 中的左图所示。该机器人模拟了人类复杂的肌肉组织和骨骼结构，装配了有弹性的肌腱和灵活的关节，能够像人一样运动。从外表上来看，ECCE 就像一个缺少了大量皮肤和结缔组织的人。虽然有点可怕，但 ECCE 在机器人拟人化的道路上迈出了一大步。2013 年，美国工程师利用人造器官、肢体和其他身体组织，成功组装出一个会呼吸、能说话、可行走的生化机器人 Bionic man，如图 2-47 中的右图所示。该机器人身高接近两米，具备人工心脏、人工肾脏、电子耳和视网膜等组件。人工心脏还能利用电子工具实现跳动，促进血液循环。Bionic man 已拥有大约 65% 的真人功能，能在机械外骨骼的协助下完成走动、坐下和站立等动作。

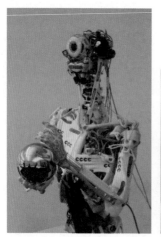

◎ 图 2-47　生化机器人 ECCE（左）和 Bionic man（右）

研制仿人机器人的目的之一，是让具备基本人体功能的机器人替代人类完成某些场景下的任务，如在外太空和核辐射等危险环境中作业，因此，场地机器人同样是各国研发的热点。2013 年，美国宇航局花费 300 万美元研制了 Valkyrie 机器人，如图 2-48 所示。从外形来看，该机器人就像一个未来战士，充满了科技感。科研人员为它设置了 44 个自由度，并安装了多个反馈传感器、摄像头和激光雷达，以使其能够应对一些特殊情境。

◎ 图 2-48　Valkyrie 机器人

（三）特种机器人

在现实生活中，它们扮演着各种各样的角色，代替人类在恶劣、严酷的环境中执行复杂多变的任务。它们是机器人家族中最酷的成员——特种机器人。

近年来，自然灾害、恐怖活动、武力冲突等对人们的生命财产安全构成了极大的威胁，为提高危机应对能力、减少不必要的伤亡及争取最佳救援时间，各国政府及相关机构投入重金，加大对救灾机器人、仿生机器人、载人机器人等特种机器人的研发力度。随着特种机器人的智能性和对环境的适应性不断增强，其在军事、医疗、采掘、建筑、交通运输、安防监测、空间探索等众多领域的应用前景也越来越广阔。

1. 安全卫士

一旦发生了火灾、地震，救援人员总是第一个冲入现场营救伤员。但人类的血肉之躯在灾害面前还是显得渺小、无助，我们迫切需要能够陪伴我们出生入死的坚强伙伴。安防机器人的出现解决了这个难题。它们可以在消防救护、灾难救援、安全巡逻等危险场合完成特殊的任务，让救援人员无须用生命去冒险。

侦察机器人外形轻巧、防水防火、坚固耐用、操作简便，适用于各种复杂环境，可实现远程可视化作战指挥、自动巡航和自动返航等功能，如图2-49所示。侦察机器人通过电脑、手机、手持设备等控制站进行操作，有效地提高了指挥人员的工作效率和作战人员的进攻能力。侦察机器人适用于反恐、消防、防化、救援、侦查和地形测绘等多种高难度的工作，是异常危险环境下特勤人员的"保护神"。

◎ 图 2-49　侦察机器人

其中，爬壁侦察机器人能在楼宇、桥梁、船舶、飞机表面等进行高空作业，如图2-50所示。爬壁侦察机器人通过城市楼宇建筑的表面潜行至事发点，其搭载的摄像头将室内人员情况的图像视频发送至指挥中心，为安全部门进行现场形势判断、做出任务决策提供依据，可以有效保障相关人员的安全，提高行动的成功率。

◎ 图 2-50　爬壁侦察机器人

火场紧急，时间就是生命。在充满易燃易爆、有毒、缺氧、浓烟等各种危险因素的火灾现场，消防机器人可以在第一时间到达现场进行数据采集、处理、反馈等一系列工作。弗吉尼亚理工大学为美国海军设计的消防机器人CHARLI-2，具备使用消防软管、投掷灭火器手榴弹、攀爬梯子等功能，如图2-51中的左图所示。它不仅是一位"救火勇士"，还是一个活泼的演员，可以跳流行的《江南Style》舞蹈。美国的InRob Tech公司研发的消防机器人FFR-1，自带推进电池和两个CCD视频摄像机，还可以爬倾斜角度为30度的陡坡，并能跨越20厘米高的障碍物，如图2-51中的右图所示。此外，消防机器人FFR-1在高温环境中具有顽强的生命力，它的冷却系统能让自己在6000℃的高温环境下工作，保证在从事救援工作时处于稳定状态。我国在消防机器人的研发生产上也紧跟世界先进水平，陆续推出了许多实用产品。

◎ 图2-51 消防机器人CHARLI-2（左）和消防机器人FFR-1（右）

排爆机器人既具有大型机器人的托举能力，又具有小型机器人的速度和爬坡能力。因此，排爆机器人不仅可代替现场安检人员实地勘察，实时传输现场图像，还可以搬运、转移可疑物品及其他危险品，有效避免不必要的人员伤亡，如图2-52所示。此外，排爆机器人还可利用侦察传感器监视犯罪分子的活动。监视人员可以在远处对犯罪分子进行观察，监听他们的谈话，不必暴露自己就可对情况了如指掌。

◎ 图 2-52　排爆机器人

世界上第一台矿山救援机器人是由美国圣地亚智能系统与机器人中心于 1998 年研发的 "RATLER 矿井探索机器人"。我国第一台矿山救援机器人是由中国矿业大学于 2006 年 6 月研制的 "CUMT-I 型矿山救援机器人"，至今已发展到 CUMT-V 型煤矿救援机器人，如图 2-53 所示。矿山救援机器人做到了集环境探测、给养运输、灭火、救运伤员于一体。

◎ 图 2-53　CUMT-I 型矿山救援机器人

图 2-54 展示的是由沈阳新松研制的履带式行走结构井下探测救援机器人。它具有一定的越障能力和较高的防水等级，同时配备了检测井下有毒气体、压力、温度等的设备，可对现场危险因素进行检查，以确保救援人员的安全。此外，

该机器人携带的光学监视装置能查看井下巷道的破坏情况，并通过无线或有线网络传输实时的视频图像，帮助救援人员及时了解现场情况。

◎ 图 2-54　井下探测救援机器人

地震救援机器人的正式研发始于日本。日本是一个多地震的国家，因此其对地震救援机器人的研发处于世界前列。除了通用的履带式搜救机器人，日本还开发了 ACM 系列蛇形机器人，如图 2-55 所示。ACM 系列蛇形机器人能像生物一样实现"无肢运动"，因而被国际机器人界称为"最富于现实感的机器人"。

◎ 图 2-55　ACM 系列蛇形机器人

2. 勤劳的农夫

农业生产一直是人类社会延续的基础和保障。在现代农业中，一个非常重要的特征是"精细耕种"。为了充分利用土壤资源、提高产量，同时将水和化学物质（包括肥料、杀虫剂等）准确地喷洒到农作物上面，我们需要对耕种、灌溉、灭虫和施肥等环节进行较为精确的控制。这不是一件容易做到的事情。尽管在示范农场内"精细耕种"取得了不错的效果，但是对大型农场和农业基地来说，完全由人类或者机械化设备进行"精细耕种"困难重重。所以，农业工程师指出，如果要进行大面积的精耕细作，必须让机器人充当农民，去代替人类更快、更好地完成这项工作。

机器人在成为农场里的主角后，不仅承担种植、灌溉、收割等常规性的工作，同时也负责温度监控、土壤检测、虫害治理、综合管控等相对复杂的工作。而这些工作在以前是由人类去完成的。从辨识秧苗、定量灌溉施肥，到用高能激光束清除杂草，再到轻松地收割庄稼并进行分类，机器人将全部代劳，而人类需要做的只是尽情地享用机器人带来的丰盛果实。

由澳大利亚研究人员研发的放牧机器人，能够完全替代牧民和牧羊犬照看牲畜，如图 2-56 中的左图所示。通过内置的传感器和卫星定位系统，这款机器人能够根据牛群的运动状态来驱赶它们。在剑桥大学奶牛场内，有这样一种挤奶机器人，它无须任何人工操作，就可以完成挤奶的全套工序，如图 2-56 中的中图所示。同时它还能对奶质进行检查、分析。对于质量不过关的牛奶，机器人会对其进行抛弃处理；而对于那些合格的牛奶，机器人也要把最初挤出的小部分丢掉，以保证牛奶的安全。挤奶机器人还可以采集奶牛的体质状况和泌乳信息，以便工作人员对这些数据进行提取和分析，有效降低奶牛的发病率。农业机器人 BoniRob 的外形与四轮越野车特别相似，可通过光谱成像仪区分植物和土壤状况，以便追踪每株植物的生长情况，确保它们都长势良好，如图 2-56 中的右图所示。

◎ 图 2-56　放牧机器人（左）、挤奶机器人（中）和农业机器人 BoniRob（右）

未来的农业机器人还能有效降低污染，减少水的使用量。当然，对普通人来说，最大的变化或许还是耕地的外观。有了机器人的参与，农田就可以被设计成各种形状，果园里会长满一排排二维形状的果树。整个农业的生态环境都会因为机器人的出现而变得不同。也许到那个时候，在农田中或者菜园内，你可以经常看到艺术家们在指挥着机器人完成他们的原生态作品呢。

3. 机器人医生

机器人当医生，为什么不呢？拥有专业医疗知识的机器人医生会分析人们的身体出现了什么样的问题、应该采取哪些医疗措施，以及应该如何康复等。它们也可以取代现代的医疗设备，直接对病灶进行治疗，对症下药。由于不会受到患者情绪波动的影响，机器人医生的出现还会减少很多不必要的医患矛盾。

早在 2011 年，IBM 公司开发的超级计算机"沃森"就介入了医疗领域。通过预先存储的数据信息和人工智能技术，"沃森"可以根据病人的病症和病史给出综合化的诊断意见和治疗方案。随后，美国保健服务提供商 Wellpoint 公司与 IBM 签署了一项协议，这也是"沃森"获得的第一份工作。它的主要任务是帮助护士完成复杂病例的分类整理工作，同时审查相关的医疗请求。2014 年，得州大学 MD 安德森癌症中心采用"沃森"处理癌症问题。这次沃森被用来对患者的病历和实验室数据进行标准化处理，同时为研究数据的收集和整合提供力所能及的帮助。此外，梅奥诊所、泰国康民国际医院、美国纪念斯隆 - 凯特林癌症中心、克利夫兰诊所等也采用"沃森"系统地提高了其业务水平。

　　事实上，机器人在医疗领域的应用远远不只这些。传统外科手术不仅需要医生们具备高超的医术，也需要整个手术团队进行精准而高效的配合。通常，一台手术下来，医护人员都会筋疲力尽。现在，手术机器人的出现改变了这一切。那些复杂精细的手术操作可以交给机器人完成，医生只需要操作机器人就好。

　　目前，全球手术机器人主要分为软组织手术机器人和骨科手术机器人两类。从事软组织手术机器人研发的企业主要有美国计算机运动公司（Computer Motion）、美国直觉外科公司（Intuitive Surgical）、瑞典医疗机器人公司（Medical Robotics）等，从事骨科手术机器人研发的企业主要有以色列 Mazor Robotics 公司和我国的北京天智航医疗科技股份有限公司。这几家公司都已经获得了医疗机器人的注册许可证，其产品可以进入医院为广大患者提供服务。

　　软组织手术机器人的操作对象是心脏、肝、胆、胃等机体软组织，最著名的当属美国直觉外科公司研发的达芬奇机器人手术系统，如图 2-57 所示。达芬奇机器人手术系统由外科医生控制台、床旁机械臂系统、成像系统 3 部分组成，能以微创法实施复杂的外科手术。临床应用结果表明，利用机器人进行手术具有更高的精确性。表 2-2 展示了传统开放手术、传统腹腔镜手术和达芬奇机器人手术的技术特点的比较。国内的天津大学、中南大学、威高集团也共同研发出了具有自主知识产权的微创外科手术机器人系统"妙手 S"。

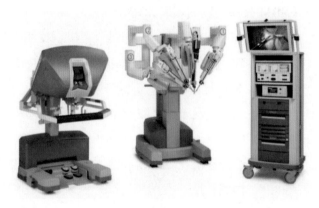

◎ 图 2-57　达芬奇机器人手术系统

表 2-2　三种外科手术技术特点的比较

项目	传统开放手术	传统腹腔镜手术	达芬奇机器人手术
眼手协调	自然的眼手协调	眼手协调降低，视觉范围和操作器械的手不在同一个方向	图像和控制手柄在同一个方向，符合自然的眼手协调
手术控制	术者直接控制手术视野，但不精准，有时受限制	术者需要和持镜的助手配合，才能看到自己想看的视野	术者自行调整镜头，直接看到想看的视野
成像技术	直视三维立体图像，但细微结构难以看清	二维平面图像，分辨率不够高，图像易失真	直视三维立体高清图像，放大若干倍，比人眼看到的更清晰
灵活性、准确性	直观、灵活，但有时达不到理想的精度	器械只有 4 个自由度，不如人手灵活、精确	仿真手腕器械有 7 个自由度，比人手更灵活、准确
器械控制方式	直观的同向控制	套管逆转器械的动作，术者需要反方向操作器械	器械完全模仿术者的动作，直观的同向控制
稳定性	人手存在自然的颤抖	套管通过器械放大了人手的震颤	控制器自动滤除震颤，比人手稳定
创伤性	创伤较大，术后恢复慢	微创，术后恢复较快	微创，术后恢复较快
安全性	常规的手术风险	除常规的手术风险外，存在发生机械故障的可能	除常规的手术风险外，出现机械故障的概率高于传统腹腔镜手术
术者姿势	术者站立完成手术	术者站立完成手术	术者采取坐姿，利于完成长时间、复杂的手术

　　骨科手术机器人可以针对各种骨科创伤开展手术治疗。以色列 Mazor Robotics 公司研制了脊椎外科手术机器人 Spine Assistant，其装配的辅助定位能解决脊柱微创外科手术中的高精度定位问题。我国的北京天智航医疗科技股份有限公司研制的骨科手术机器人能处理长骨骨折、股骨骨折、骨盆骨折等骨创伤，手术精度可达到 0.8 毫米，使患者减少术中辐射达 70% 以上，提高手术效率达 20% 以上，并可减少术中失血量和组织微创，如图 2-58 所示。

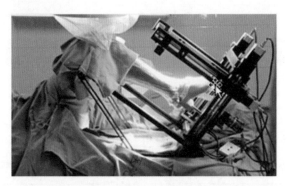

◎ 图 2-58　北京天智航医疗科技股份有限公司研制的骨科手术机器人

　　再让我们来看看另外一些激动人心的新型医疗机器人。其中有一种叫作可吞服式手术机器人，患者只需要将它们分块吞入腹中，这些机器人就可以自动组装成体，如图 2-59 中的左图所示。这种技术可以帮助外科医生在不采用腹腔切口的条件下为患者进行手术。此外，还有一种结肠诊疗机器人 Endotics，它不需要像常规结肠镜那样伸入患者体内，而是通过辅助设备自行在肠道内移动，如图 2-59 中的右图所示。这种机器人对肠壁施加的压力较小，从而减轻了患者的痛苦。

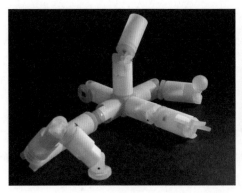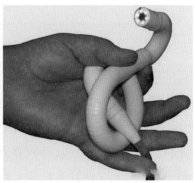

◎ 图 2-59　可吞服式手术机器人（左）和结肠诊疗机器人 Endotics（右）

　　还有更神奇的机器人医生。由加拿大蒙特利尔综合理工学院等机构研发的新型纳米机器人试剂 Micromotor bots，能够在血液中自由穿梭，可直接将药物注入癌细胞中，实现对肿瘤的"精准打击"，如图 2-60 中的左图所示。由德国马克斯·普朗克研究所开发的微型机器人 Mico-scalops，可以在血液、眼球液、以及其他体液中游泳，可用来输送药物，甚至修复损伤细胞，如图 2-60 中的右图所示。

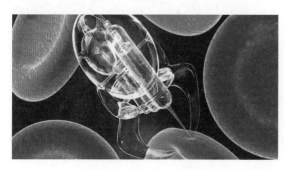

◎ 图 2-60　Micromotor bots（左）和 Mico-scalops（右）

未来，机器人技术的持续进步必将推动整体医疗水平的不断提高。让我们期待机器人尽快在医疗领域大展身手，造福人类。

4．海中精灵

大洋深处蕴含着丰富的油气、矿产资源，是继太空之后又一个值得我们探索的未知世界。但水下环境恶劣、危险，人的潜水深度有限，我们如何才能到达海底世界呢？别急，水下机器人能够帮到我们。水下机器人也称深潜器，是一种工作于水下的极限作业机器人。自 1953 年第一艘无人遥控潜水器问世至今，全世界研制了许多水下机器人。特别是 1974 年以后，由于海洋油气业的迅速发展，水下机器人得到了飞速发展。

我国是研发水下机器人的大国。早在 1994 年，我国第一台无缆水下机器人"探索者"研制成功，工作深度达到 1000 米，如图 2-61 中的左图所示。"探索者"摆脱了与母船间联系的电缆，实现了从有缆向无缆的飞跃。2012 年 7 月，我国自主研发的载人潜水器"蛟龙号"在马里亚纳海沟创造了下潜 7062 米的中国载人深潜纪录，这也是世界同类作业型潜水器最大下潜深度纪录，如图 2-61 中的右图所示。"蛟龙号"能够运载科学家和工程技术人员进入深海，在海山、洋中脊、盆地和热液喷口等复杂海底环境下进行海洋地质、海洋地球物理、海洋地球化学、海洋地球环境和海洋生物等科学考察。

◎ 图 2-61　无缆水下机器人"探索者"（左）与载人潜水器"蛟龙号"（右）

　　除了各种模样中规中矩的深潜器，研究人员还开发了一些外形别具一格的水下机器人。由韩国海洋技术研究院研制的机器人 Crabster，外形像极了一只横冲直撞的大螃蟹，可用于浅海区的水下作业，如图 2-62 中的左图所示。该机器人装载有摄像机、声呐及声学多普勒流速剖面仪等设备，能帮助研究人员探索神秘的海底世界。机器人 Guardian LF1 专门用来对付大西洋中的狮子鱼，如图 2-62 中的右图所示。作为入侵鱼种，带有剧毒的狮子鱼胃口贪婪，繁殖迅速，少有天敌，已对大西洋的珊瑚礁及沿海旅游业造成了极大威胁，扰乱了当地海洋的生态系统。Guardian LF1 可以潜入水下 120 多米，在击晕并收集 10 条狮子鱼后，将其带出水面。

◎ 图 2-62　水下机器人"Crabster"（左）和机器人 Guardian LF1（右）

5. 太空漫步者

浩瀚的宇宙总是引发人类的无限遐想。强烈的探索欲让一代又一代的人们去探索宇宙，畅想星空。随着现代科学技术的飞速发展，科学家们已经把火箭、卫星、航天飞船和空间站送入了太空，甚至派出了像"新视野"号这样的深空探测器前往冥王星进行近距离观测。同样，机器人在太空探险中也大有用武之地，能在航天器、空间站或其他星球上完成各种任务。

在电影《地心引力》中，主人公所处的空间站被卫星碎片击中，工作中的机械臂随即失去控制，脱离船体。影片中的机械臂就是太空机器人的一种。太空机械臂具备良好的操纵能力和视觉识别效果，能执行空间碎片清理、在轨加注与维修等空间任务，已被广泛应用在航天器和空间站上。在图 2-63 中，太空机械臂正在转运飞船。

◎ 图 2-63　正在转运飞船的太空机械臂

太空车是另一种重要的太空机器人，是人类探索其他星球的重要工具之一。2004 年 1 月 3 日，美国宇航局发射的"勇气号"太空车在火星表面成功着陆，开始了探测任务，如图 2-64 中的左图所示。由于火星上的沙尘暴和尘卷风并没有预计的严重，探测器的除尘功能使太阳能帆板的寿命大大延长，为科学考察提供了充足的电量，因此"勇气号"的实际考察时间大大延长。2012 年 8 月，美国宇航局发射的"好奇号"太空车在火星表面着陆，如图 2-64 中的右图所示。"好奇号"可以抓取岩石并放入车内进行检测，成为发现火星上是否存在有机

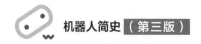
物的最佳探测工具。此外，"好奇号"还可以在第一时间把现场的影像发回地球。

◎ 图 2-64 "勇气号"太空车（左）和"好奇号"太空车（右）

我国自主研制的月球车"玉兔号"，配备有全景相机、红外成像光谱仪、测月雷达、粒子激发 X 射线谱仪等科学探测仪器，不但能够适应月球表面强辐射、温差大的极端环境，还具备爬坡、越障能力，是帮助我们探测"月宫"的得力助手，如图 2-65 所示。

◎ 图 2-65 "玉兔号"月球车

6. 机器动物

仿生学是一门新兴的交叉学科。我们身边有很多仿生学应用的成功范例。例如，雷达的发明就是借鉴了蝙蝠的回声定位功能。如今，通过向动物们虚心"学习"，机器人可以更好地为人类提供服务。下面就让我们来看一下这些仿生机器人到底有哪些神奇的本领。

　　仿生机器鱼是指外形酷似鱼类，能像鱼一样在水中游动的机器人。相比于传统水下机器人，仿生机器鱼更加灵活，可广泛应用于水下环境检测、港口监控、搜救行动、海岸安全、渔业管理等领域。2004 年，北京航空航天大学和中科院自动化研究所共同研制出了国内首台仿生机器鱼"SPC-Ⅱ"，可用于水质检测等多个作业领域，如图 2-66 中的左图所示。2013 年，欧洲 FILOSE 研发团队开发出一款可感应水下流速的机器鱼。经过在实验室流体动力学流罐中的反复试验和优化设计，这条机器鱼可以在急速变化的水流或者涡流中保持类似虹鳟鱼前行的姿态。美国密歇根州立大学开发的机器鱼采用了滑动方式，比传统靠拍打尾部游动的机器鱼更节省能源，如图 2-66 中的右图所示。这条机器鱼可以在水中长时间滑行，收集水质信息用于科学研究和监测。

◎ 图 2-66　仿生机器鱼"SPC-Ⅱ"（左）和美国密歇根州立大学开发的机器鱼（右）

　　仿生机器鸟是一种外形酷似鸟的飞行器，可以在空中滑翔、俯冲或者急速扇动翅膀，鸟类的所有动作，仿生机器鸟都能完成。来自荷兰的设计师开发出了一款机器猛禽，无论是外观，还是飞翔姿态，其都和真的猛禽一模一样，如图 2-67 中的左图所示。这款被称作"Robirds"的机器猛禽可以在一些饱受鸟类滋扰的区域驱散各种鸟类。其原理是鸟类会通过猛禽的轮廓、翅膀，以及飞行状态来识别出掠食者，一旦看到"Robirds"就会选择离开。德国 Festo 公司研制出一款机器鸟，它不仅能够完美模拟鸟类飞行，同时也极为逼真，令人难辨真伪，如图 2-67 中的右图所示。这款名为"SmartBird"的机器鸟能够自动起飞、飞行和降落。其翅膀不仅可以上下拍打，也能按特定角度扭动，为这一超轻机器鸟赋予了良好的空气动力性能和敏捷度。"Robirds"和"SmartBird"简直就是"公输子为鹊"典故的现代版！

◎ 图 2-67　仿生机器鸟"Robirds"（左）和"SmartBird"（右）

仿生机器昆虫可能是仿生机器人家族中种类最为繁多的一类了。

美国斯坦福大学于 2015 年研制出一种装有"变形翅膀"的飞行机器人，如图 2-68 中的左图所示。其翅膀用碳纤维和聚酯薄膜打造而成，每个翅膀上都装有 3D 打印的腕关节控制装置。该机器人可以轻松穿过树枝等障碍物，并可在遭遇意外冲撞后迅速恢复飞行。德国 Festo 公司研制的机器蝴蝶"Motion"，看上去很像一只真正的蝴蝶，如图 2-68 中的右图所示。这些机器蝴蝶每秒可飞行 2.5 米，每次充电后能持续飞行 3 到 4 分钟。它们身上还装配了红外传感器，可避免在飞行过程中互相碰撞。

◎ 图 2-68　装有"变形翅膀"的飞行机器人（左）和机器蝴蝶"Motion"（右）

在现实中，很多昆虫具有高超的爬行能力和惊人的托举力量。如果能让机器人也具备昆虫的这些特点和优势，那该多好啊！美国波士顿动力公司和桑迪亚国家实验室联合研制了一款微型跳跃机器人——"沙蚤"，如图 2-69 中的左图所示。"沙蚤"大小类似鞋盒，最高可跳跃 9 米，可迅速移动，能独立越过壕沟和障碍。"沙蚤"装有一部摄像机和操作控制单元，使用者能通过掌上电脑控制它跨越栅栏，侦察目标区域，并通过图像接口接收视频图像或高分辨率的照片。斯坦福大学研究人员研发的微型机器人"MicroTugs"只有弹珠大小，却是一个超级大力士，如图 2-69 中的右图所示。它可以水平拉动重量是自身重量 2000 倍的物体，或者拉着 100 倍于自身重量的物体竖直爬行。这款机器人可以用来组建一支微型运输大军，完成特殊使命。

◎ 图 2-69 "沙蚤"（左）和"MicroTugs"（右）

德国工程师设计出机器蚂蚁，其头部装有芯片，6 只脚和嘴上的钳子则是陶瓷元件，其他部分由塑料制成，如图 2-70 中的左图所示。每只机器蚂蚁具有独立的决策能力，亦可与其他机器蚂蚁协作完成某项任务。俄罗斯康德大学研究人员研制的机器蟑螂，每秒可爬行 30 厘米，装有光敏传感器、微型摄像机和监听器，能够扫描室内环境，探测周围物体，如图 2-70 中的右图所示。

◎ 图 2-70 机器蚂蚁（左）和机器蟑螂（右）

相比于其他结构的机器人，四足仿生机器人的移动速度较快，同时具备良好的平衡性。美国波士顿动力公司研发的四足仿生机器人最为出名，包括"大狗"、"小狗"和"猎豹"等。"大狗"机器人全身安装了 50 个传感器，能实现站立、下蹲、爬行、小跑及快速跳跃等动作，如图 2-71 中的左图所示。它在平坦地形条件下能携带 154 千克的物资，以最快 7 千米 / 小时的速度移动。在实验测试中"大狗"跳跃前进的最大速度可达 11 千米 / 小时。"小狗"机器人作为"大狗"机器人的迷你版本，功能却没有缩水太多，如图 2-71 中的右图所示。该机器人每条腿上有 3 个驱动电机，具有较大的移动范围，能够爬坡和进行运动步态的调整。

◎ 图 2-71 "大狗"机器人（左）和"小狗"机器人（右）

"猎豹"机器人具有极佳的机动性，是目前世界上运动速度最快的四足机器人，如图 2-72 中的左图所示。"猎豹"拥有关节式脊椎骨、铰接式头颈结构、4 条腿和 1 条尾巴，能迅速加速、减速及停止运动，还能在奔跑中急转弯，做"Z"形运动。铰接式头颈结构使其能像动物一样每迈一步就做一次收缩与伸张运动，有效增加了它的步幅和奔跑速度。目前，"猎豹"机器人由外置液压泵提供动力，最快奔跑速度已达 46 千米 / 小时。

德国 Festo 公司在 2014 年推出了一款仿生袋鼠机器人，其精确复制了袋鼠的大多数典型特征，可以像一只真正的袋鼠那样不停地跳跃，如图 2-72 中的右图所示。它的垂直跳跃高度可达 0.4 米，水平跳跃距离可达 0.8 米。仿生袋鼠机器人的动力来自一个存有高压空气的小型储罐，通过一根弹簧完成肌腱的运动功能。通过驱动器、控制技术和能量迁移技术，它可在跳跃时的每一个运作中有效恢复能量，从而完成下一次跳跃，形成连续动作。仿生袋鼠机器人在运动过程中应用到的能量产生、存储和再利用技术，对机器人技术的发展有着非常强的指导意义。

◎ 图 2-72　"猎豹"机器人（左）和仿生袋鼠机器人（右）

以上这些神奇的机器人，已经足够让我们感到震撼。那么，机器人技术的未来在哪里？可以肯定的是，机器人的应用领域会不断得到拓展，机器人家族定将"枝繁叶茂"。未来的机器人还将演变成什么样？它们又将带给我们哪些惊喜呢？

第 三 章

机器人技术面面观

机器人涉及控制、感知、人工智能、仿真、材料、协作等技术，涵盖新一代信息技术、新材料、新能源、高端装备制造等战略性新兴产业，是各种先进技术的融合体。作为智能制造的主力军，工业机器人不断从汽车制造领域向机械、建材、物流、食品，乃至航空、航天、船舶制造等领域渗透。智能技术与社会生产、生活相结合，还催生了可从事医疗、康复、娱乐、教育、安防、救援等工作的服务机器人和特种机器人。国际机器人联合会（IFR）曾预测："机器人革命"将创造数万亿美元的市场，从而带动与机器人相关的新材料功能模块、感知获取与识别、智能控制与导航等关键技术与市场快速发展。本章将重点介绍机器人的相关技术。

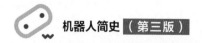

（一）本体及核心零部件

自第一台工业机器人问世以来，机器人就显示出它极强的生命力。在短短几十年里，机器人技术得到了迅速的发展。在众多制造领域中，工业机器人应用最广泛的领域是汽车及汽车零部件制造，并且正在不断地向其他领域拓展，如机械加工、电子电气制造、橡胶及塑料加工、食品工业、木材与家具制造等。时至今日，工业机器人技术已较为成熟。

1. 系统构成

工业机器人主要由机械结构系统、控制系统、驱动系统、感知系统、机器人环境交互系统、人机交互系统等构成。工业机器人系统的示意图如图3-1所示，其中，机器人本体的基本结构由传动部件、机身及行走机构、腕部、手部等组成，是机器人的执行机构。

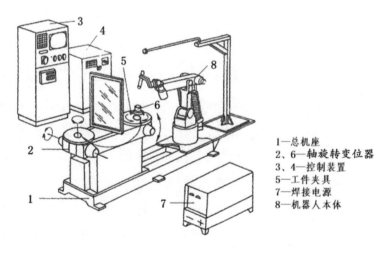

1—总机座
2、6—轴旋转变位器
3、4—控制装置
5—工件夹具
7—焊接电源
8—机器人本体

◎ 图 3-1　工业机器人系统的示意图

机械结构系统由基座、机械臂、末端执行器3部分组成，每一部分都有若干自由度，从而构成一个多自由度的机械结构系统，如图3-2所示。基座可以是移动式的，也可以是固定式的。机械臂一般由上臂、下臂和手腕组成。末端执行器是直接装在手腕上的一个重要部件，它可以是二手指或多手指的手爪，也可以是喷漆枪、焊具等作业工具。

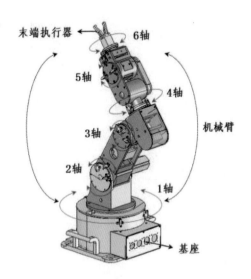

◎ 图 3-2　工业机器人的机械结构系统和运动自由度示意图

　　控制系统是工业机器人的大脑，是决定机器人功能和性能的主要因素，主要包括控制计算机、示教盒、操作面板、磁盘存储、数字和模拟量输入/输出、打印机接口、视觉系统接口、声音接口、图像接口、通信接口、网络接口等，如图 3-3 所示。控制系统的任务是根据机器人的作业指令程序及传感器反馈回来的信号来支配机器人的执行机构，使其完成规定的运动和功能。假如工业机器人不具备信息反馈特征，则为开环控制系统；反之，则为闭环控制系统。根据控制运行的形式，控制系统可分为点位型控制系统和轨迹型控制系统。点位型控制系统可使执行机构实现由一点到另一点的准确定位，适用于机床上下料、点焊、搬运、装卸等作业。轨迹型控制系统可使执行机构按给定的轨迹运动，适用于连续焊接和涂装等作业。

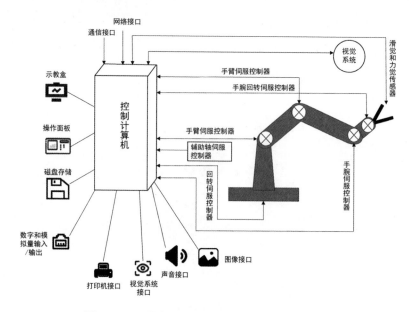

◎ 图 3-3　工业机器人的控制系统及其结构示意图

　　驱动系统是按照控制系统发出的控制指令，将信号放大以驱动执行机构运行的传动装置，常用的有液压驱动、气压驱动和电机驱动，或者这 3 种驱动方式的组合。驱动系统可以是直接驱动，也可以是通过同步带、链条、轮系、谐波齿轮等机械传动装置进行的间接驱动。

　　感知系统由内部和外部的传感器模块组成，分别用以获取内部和外部环境中有价值的信息。智能传感器是具有信息处理功能的传感器，它的使用能提高机器人的机动性、适应性和智能化水平。

　　机器人环境交互系统是实现机器人与外部环境中的设备相互联系和协调的系统。该系统既可以是工业机器人与外部设备集成的一个功能单元，如加工单元、焊接单元、装配单元等，也可以是多台机器人、多台机床或设备、多个零件存储装置等集成的复杂功能单元。

　　人机交互系统是使操作人员参与机器人控制并与机器人进行联系的装置，如计算机的标准终端、指令控制台、信息显示器、危险信号报警器等。综合来看，该系统主要分为指令给定装置和信息显示装置两类。

2. 驱动系统

工业机器人的驱动系统按动力源分为液压驱动、气压驱动和电机驱动 3 类，这 3 种基本类型也可组合成复合式的驱动系统。不同的驱动系统各有自己的特点，如表 3-1 所示。

表 3-1　3 类驱动系统的特点对比

	液压驱动	气压驱动	电机驱动
优点	（1）适用于大型机器人和高负载。 （2）系统刚性好、精度高，不用减速齿轮。 （3）能在较高速的范围内运行，并无损伤地停止。 （4）功率质量比最高	（1）元件可靠性较高，较易获取。 （2）系统可靠性高。 （3）适合开关控制。 （4）功率质量比最低	（1）普遍适用于各种机器人。 （2）系统可靠性高，维护方便。 （3）需要使用减速齿轮，并能降低电动机轴上的惯性。 （4）具有较好的控制性能，适用于精度较高的机器人。 （5）适用于防爆场合，不会引起火花
缺点	（1）需要装泵、储液箱、电动机、液管等设备。 （2）较易发生液体泄漏，不适合在清洁度要求高的地方使用。 （3）价格贵，噪声大，维护成本高。 （4）液体黏性会随着温度的变化发生变化，对杂质的敏感性较高。 （5）高压强，高转矩，驱动器的惯性较大	（1）在负载作用下易变形。 （2）需要气压机、过滤器等。 （3）刚度低，噪声大，反应慢	（1）在断电时，容易导致手臂掉落，需要电动机配有刹车设备。 （2）刚度低，需要减速齿轮，从而增加了质量、成本等

液压驱动将液体作为介质来传递力，并通过液压泵使液压系统产生压力以驱动执行器运动，具有动力大、力矩惯量比大、响应快、易于实现直接驱动等

特点，适合在承载能力强、惯量大的机器人中应用。但液压驱动须进行能量转换（电能转换成液压能），速度控制在大多数情况下采用节流调速，效率比电机驱动低。此外，液压驱动的液体泄漏会对环境产生污染，工作噪声也较大。因此，近年来在负荷为 100 千克以下的机器人中，液压驱动往往被电机驱动所取代。

气压驱动将空气作为工作介质，并通过气源发生器将压缩空气的压力能转换为机械能，以驱动执行器完成预定的运动轨迹，具有速度快、系统结构简单、维修方便、价格低等优点。但是，由于气压驱动的工作压强低，并且不易精确定位，一般仅用于工业机器人末端执行器的驱动。气动手爪、旋转气缸和气动吸盘作为末端执行器，可用于中、小负荷的工件抓取和装配，如图 3-4 所示。

◎ 图 3-4　气动手爪（左）、旋转气缸（中）与气动吸盘（右）

电机驱动是利用各种电动机产生的力或转矩，直接或通过减速装置来驱动机器人的关节，从而获得所需的位置、速度、加速度和其他指标。由于电机驱动可以省去中间的能量转换过程，提升使用效率，并且具有环保、易于控制、运动精度高、维护成本低等优点，因而被广泛应用。电机驱动是现代工业机器人的一种主流驱动方式，主要分为直流伺服电机驱动、交流伺服电机驱动、步进电机驱动和直线电机驱动 4 类。直流伺服电机驱动和交流伺服电机驱动采用闭环控制，一般用于高精度、高速度的机器人。采用开环控制的步进电机驱动通常用于对精度和速度要求不高的场合，步进电机与步进电机截面示意图如图 3-5 所示。直线电机驱动在技术上已日渐成熟，比机械系统具有更多独特的优势，适用于超高速、超低速和高加速度的场合，并且具有无空回、磨损小、几乎零维护等特点，已被广泛应用于并联机器人中。

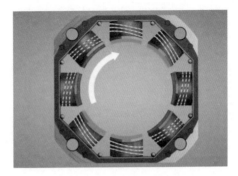

◎ 图 3-5 步进电机（左）与步进电机截面示意图（右）

3. 感知系统

机器人的感知系统相当于人的五官和神经系统，将机器人内外部的状态信息和环境信息转变为机器人能够理解和应用的数据。机器人的任何行动都要从感知环境开始，如果在这个过程中遇到障碍，将制约后续的行动。机器人的感知系统通常由多种传感器组成，感知系统如果没有传感器，就相当于人失去了眼睛、鼻子等感觉器官。

传感器是一种以一定精度测量出物体的物理或化学变化，并将这些变化转变成与之有对应关系的、易于精确处理和测量的某种电信号（如电压、电流和频率）的检测部件或装置，通常由敏感元件、转换元件、转换电路和辅助电源4部分组成。传感器可以作为系统的输入部分去感知外部环境的变化，也可以作为系统内部的一部分，用于监测系统自身的状态。由这些传感器组成的系统即机器人的感知系统，它将机器人的外部环境信息和内部状态信息转变为机器人自身或机器人之间能够理解和应用的数据、信息、知识，包括各种机器人专用传感器、信号调理电路、模数转换器、处理器构成的硬件部分，以及传感器识别、校准、信息融合与传感数据库所构成的软件部分。

目前，机器人用于感知和控制的传感器种类繁多，主要涉及视觉、听觉、触觉、力觉、距离觉、平衡觉等方面。传感器按照功能可以分为内部传感器和外部传感器。

1）内部传感器

内部传感器安装在机器人内部，用于感知机器人自身的运行状态，进而调整并控制机器人的行为。内部传感器按功能分类，主要有位置传感器、压力传感器、力矩传感器、速度传感器、加速度传感器等。

（1）位置传感器。

位置传感器是用来测量机器人自身位置的传感器，如图 3-6 所示。位置传感器所测量的不是一段距离的变化量，而是通过检测，确定机器人是否已到达某一位置，因此，它有时也被称为接近开关，用来反映某种状态的属性。位置传感器主要有接触式传感器和接近式传感器两种。接触式传感器的触头由两个物体接触挤压而发生动作变化，常见的有行程开关、二维矩阵式位置传感器等。接近式传感器是一种具有感知物体接近能力的器件，它利用位移传感器来识别接近的物体，并输出相应的开关信号，而无须和物体直接接触。

◎ 图 3-6　位置传感器

（2）压力传感器。

压力传感器是能感受压力信号，并按一定规律将压力信号转变成电信号进行输出的器件或装置，通常由压力敏感元件和信号处理单元组成。压力传感器是工业中最为常用的一种传感器，被广泛应用于各种工业自控环境，涉及航空航天、石化、电力、智能建筑、交通、船舶、机床等众多行业。根据不同的测试压力类型，压力传感器可以分为表压传感器、差压传感器和绝压传感器。应变式压力传感器如图3-7所示。

◎ 图3-7　应变式压力传感器

（3）力矩传感器。

力矩传感器，又称作扭矩传感器，能够感受力矩的物理变化并将其转换成可输出的信号，从而测量出力矩的大小。机器人通过力矩传感器来感知末端执行器的受力程度。在通常情况下，力矩传感器位于机器人和夹具之间，以便机器人监控到夹具上的受力情况。有了力矩传感器，装配、人工示教、力度限制等应用才得以实现。力矩传感器如图3-8所示。

◎ 图3-8　力矩传感器

2）外部传感器

外部传感器用于检测机器人所处的环境及运行状况，使机器人和环境发生交互作用，进而提升机器人对环境的自校正和自适应能力。常用的外部传感器按功能分类主要有接近觉传感器、视觉传感器、触觉传感器等。

（1）接近觉传感器。

接近觉传感器是机器人用以探测自身和周围物体之间相对位置和距离的传感器。接近觉传感器越靠近对象物体，越能精准测量，因此，它通常被安装在机器人手爪的前端，从而使机器人能及时发现前方的障碍物以避免碰撞。根据制作材质和工艺不同，接近觉传感器可以分为电容式传感器、电磁感应式传感器、气压式传感器、超声波式传感器和微波式传感器等多种。接近觉传感器如图 3-9 所示。

◎ 图 3-9　接近觉传感器

（2）视觉传感器。

视觉传感器是利用光学元件和成像装置获取外部环境图像信息的仪器，通常用图像分辨率来描述其性能。视觉传感器的精度不仅与图像分辨率有关，还与被测物体的检测距离相关，距离越近，其绝对的位置精度越高。一个手机大小的视觉传感器集成了光源、处理线路和输出等组件，通过一个以太网接口在计算上设置，然后以数字信号的形式从输出端提供扫描检测结果，轻松实现检测轮廓、检测图案、对比宽度、检测亮度等功能。工业机器人大多都安装了二维视觉传感器和三维视觉传感器。其中，二维视觉传感器主要利用摄像头来完成物体平面运动的检测及定位等功能；三维视觉传感器可以把物体的三维模型检测并识别出来，能更加直观地展现物体。二维视觉传感器和三维视觉传感器如图 3-10 所示。

◎ 图 3-10　二维视觉传感器（左）和三维视觉传感器（右）

4. 关键基础部件

机器人的关键基础部件主要指精密减速器、控制器、伺服电机及高性能驱动器等，它们对机器人的性能起到关键影响作用。

1）精密减速器

精密减速器可以分为谐波齿轮减速器、RV 减速器、摆线针轮行星减速器、精密行星减速器和滤波齿轮减速器等，是工业机器人的核心零部件，其成本占机器人整机成本的 35% 左右。图 3-11 中的左图展示的是谐波齿轮减速器。谐波齿轮减速器主要由波发生器、柔性齿轮和刚性齿轮 3 个基本构件组成，依靠波发生器使柔性齿轮产生可控弹性变形，并与刚性齿轮相啮合来传递动力，单级传动速比范围为 70 ～ 320，在某些装置中可达到 1000，借助柔性齿轮变形可做到反转无侧隙啮合。与一般减速器相比，当输出力矩相同时，谐波齿轮减速器的体积可减小 2/3，质量可减轻 1/2。由于要承受较大的交变载荷，因而柔性齿轮对材料的抗疲劳强度、加工和热处理要求较高，其制造工艺相对复杂。柔性齿轮的性能是确保谐波齿轮减速器品质高的关键。图 3-11 中的右图展示的是 RV减速器，由一个行星齿轮减速器的前级和一个摆线针轮行星减速器的后级组成。和谐波齿轮减速器相比，RV 减速器具有较高的回转精度和更好的精度保持性。

◎ 图 3-11　谐波齿轮减速器（左）与 RV 减速器（右）

目前，全球精密减速器市场大半被日本企业占据。日本的哈默纳科是谐波齿轮减速器领域的领军者，占据了约 15% 的全球精密减速器市场。日本的纳博特斯克是全球最大的 RV 减速器和摆线针轮行星减速器制造商，占据了全球主要的精密减速器市场。值得一提的是，ABB、发那科、库卡等国际著名工业机器人厂商均与上述两家日企签订了战略合作协议，采购的精密减速器产品往往是在通用机型基础上，根据各厂商特殊要求进行改进后的专用型号。而国内机器人厂商大都只能采购通用机型的减速器产品。

我国在精密减速器方面的研发起步较晚。近年来，国内一些厂商和院校开始致力于研发精密减速器产品。在谐波齿轮减速器领域，我国已研发出国外同类产品的替代品，但在产品的一致性和量化等方面还有待提升。在 RV 减速器和摆线针轮行星减速器领域，我国部分机构也纷纷推出了自己研发的产品。

2）控制器

控制器是根据指令及传感信息，控制机器人完成一定的动作或作业任务的装置。就像大脑之于人一样，控制器是机器人最重要的元部件之一，它决定了机器人性能的优劣。工业机器人的控制器主要控制机器人在工作空间中的运动位置、姿态和轨迹，以及操作执行顺序和操作时间等。对于不同类型的机器人，如有腿的步行机器人与关节型工业机器人，控制系统的综合方法差别较大，控制器的设计方案也不尽相同。

在控制器方面，国外主流机器人厂商的控制器均是在通用的多轴运动控制器平台上进行自主研发的。目前通用的多轴运动控制器平台主要分为以嵌入式处理器为核心的运动控制卡和以工控机加实时系统为核心的 PLC 系统。控制器的研发可分为硬件研制和软件研发两部分。在硬件研制方面，研究人员已开发出了具有代表性的双、多 CPU 及分级控制系统，其中较为典型的有基于 DSP 技术的工业机器人控制器。软件部分是工业机器人的"心脏"，也是目前国内外控制器差距较大的地方。

3）伺服电机

电机主要用于驱动机器人的关节，它被视为机器人的执行单位，是影响机器人工作性能的主要因素。在当前市场上，机器人常用的电机有微振动电机、伺服电机、直线电机、步进电机和直流减速电机。由于电机需要被安装在各关节上来控制关节运动，因此，最大功率质量比和扭矩惯量比、高启动转矩及低惯量、较宽广且平滑的调速范围等指标，已成为判断电机好坏的重要指标。在常用电机中，伺服电机具有较高的可靠性和较强的短时过载能力，并且能够与机器人末端执行器一起工作，因而在工业机器人上被广泛应用。

伺服电机是指在伺服系统中控制机械元件运转的发动机。作为一种补助马达间接变速的装置，伺服电机可准确地控制速度和测量位置的精度，并将电压信号转化为转矩和转速以驱动控制对象。在自动控制系统中，伺服电机作为执行元件，具有线性度高、启动电压高、机电时间常数小等特性，能将接收到的电信号转换成电机轴上的角位移或减速度并输出。伺服电机是一种常见的自动化机械元件，适用于机床、纺织设备、包装设备、印刷设备、激光加工设备、机器人及自动化生产线等应用场景。

目前，我国在工业机器人关键基础部件上严重依赖进口，而减速器、伺服电机、控制器的成本分别占机器人整机成本的 35%、25%、15%，这就导致国内机器人企业的生产成本居高不下。相比之下，国外工业机器人厂商很多本身就是核心部件的提供商，如日本发那科是世界上最大的专业数控系统生产厂商，安川和松下都属于全球最大的电机制造商，这使得国外工业机器人厂商在成本上具有天然优势。另外，国外工业机器人厂商还能以巨大的采购量和签署排他性协议获得比较优惠的采购价格。这些因素共同导致国内工业机器人企业较难与国外工业机器人企业展开竞争。

（二）操作系统

机器人行业的发展除了需要标准化生产的硬件，也离不开可靠、通用的软件，机器人操作系统应运而生。机器人操作系统是为机器人而设计的标准化的构造平台，它使得每位机器人设计师都能够使用同样的操作系统来进行机器人的开发。标准的机器人操作系统包括硬件抽象描述、底层驱动程序管理、常用功能实现、数据包管理，以及程序间消息传递等功能。现有的机器人操作系统的架构基本都源自 Linux，通用的机器人操作系统主要有 ROS（Robot Operating System）、Ubuntu 系统和 Android 系统 3 种。

1. ROS

机器人操作系统能够有效地提升机器人研发代码的复用率，减少了在多种机器人平台之间创建具有复杂性和鲁棒性的机器人行为的任务量。在通用的机器人操作系统中，Android 系统的使用率最高，ROS 成为机器人研发领域的事实标准。

ROS 起源于 2007 年斯坦福大学人工智能实验室与 Willow Garage 公司之间的合作项目。和其他操作系统相比，ROS 适用于协作式机器人的软件开发，具有分布式点对点设计、多语言支持、精简与集成、工具包丰富、免费且开源等优点，因而被诸多大学和研究机构应用。ROS 现已成为学术界指定的创新验证平台，并已衍生出若干版本，如 ROS-I 工业版、ROS-A 农业版、ROS-M 军用版、ROS-DoE 能源版等。与其他操作系统相比，ROS 灵活的模块化机制能够降低人机交互机器人研发的难度，并融合机器人智能化、人机交互的发展特点，成为功能更为强大、全面的机器人研发平台。

传统意义上的操作系统需要有硬件的驱动和对所有软硬件资源的管理与调度，而 ROS 则是运行在操作系统上的一个框架，它只负责管理与机器人相关的资源和控制机器人相应的逻辑。这种模式能够使 ROS 更专注于处理自己的业务逻辑，而将其他部分功能依托于系统来完成。对开发者而言，这也将更有利于统一自己开发的环境和机器人的部署环境，节省移植成本。但这样做也使得整个系统的资源无法得到充分利用，在安全性、时效性等方面存在一定的弊端。整体而言，ROS 的开发难度比计算机系统更大，ROS 需要面对一系列更为复杂的操作，而非仅处理一些明确的运算任务。

ROS 由大量节点构成，其中每个节点均可以通过发布 / 订阅的方式和其他节点互通信息。例如，机器人的一个位置传感器可以被当作 ROS 的一个节点，该位置传感器中的雷达单元以信息流的方式发布雷达获取的信息，而发布的信息将被其他导航单元、路径规划单元等节点获得。ROS 也将更有利于推动机器人行业向硬件、软件独立的方向发展。

2. 系统智能化升级

全球致力于开发智能机器人产品的公司众多，但从基本意义上关注机器人操作系统研究开发的却寥寥无几。机器人操作系统的出现能够实现从底层驱动管理到高层数据管理的有效集成，加速机器人领域的创新发展。国内对机器人操作系统的研究取得了一定的进展，目前主要有三大智能机器人操作系统：Turing OS、用于小 i 机器人的操作系统 iBot OS 及 ROOBO 的人工智能机器人系统。这 3 类机器人操作系统在系统性、决策力等方面各有侧重，而非像 ROS 那样能够达到"大一统"的局面。此外，机器人操作系统和开发很复杂，不仅需要海量的硬件支撑，更需要众多高水平开发者的参与，这也是机器人操作系统开发的难点。

与计算机操作系统不同的是，机器人操作系统通过资源管理与行为管理相结合的架构，实现对机器人"观察—判断—决策—行动"全流程的监管。完善机器人操作系统，将有助于提升机器人的自主性、竞争性和适应性。例如，美国 iRobot 公司研发了一套用于提升机器人应急处理能力的操作系统，通过兼容 Android 程序，使机器人具备了更强的自主思考能力。再如，针对异构机器人的协同规划与决策问题，德国人工智能研究中心（DFKI）在"分布式机器人系统集成式任务规划"中使用了标准化、模块化的任务规划架构，有效弥补了各个机器人分支在信息处理和问题求解方面的局限性，增强了机器人团体自主判断及决策的合理性与准确性。

（三）人工智能

公众对人工智能的认识，很多来自 2016 年 3 月举行的那场围棋界的"人机大战"。在那场对决中，韩国围棋国手李世石以 1 ∶ 4 不敌 Alphabet 开发的人工智能系统"AlphaGo"，败下阵来。9 个月后，"AlphaGo"的升级版"Master"并未给人类棋手翻盘的机会，以 60 胜 1 和的骄人战绩再次获胜。2017 年 5 月，"AlphaGo"又以 3 ∶ 0 战胜人类顶尖围棋高手柯洁。人工智能要超越人类了吗？其实，目前的人工智能技术并没有脱离将现实世界中的现象进行量化，然后从数字中寻找规律，再进行逻辑判断得到结论这样一个过程。因此，"AlphaGo"和"Master"的胜利仅仅是算力与算法上的技高一筹，还远未达到与人类智慧相提并论的高度。即使如此，人工智能技术也不容小觑。

近几年，人工智能技术得到迅猛发展，主要得益于计算能力、大数据和算法上的突破，推动以知识图谱、计算机视觉、语音识别、深度学习等为代表的人工智能技术被广泛应用到各行业。

1. 知识图谱

知识图谱，又称为科学知识图谱，是一种由节点和边组成的图数据结构，以符号形式描述客观世界中的概念、实体及其之间的关系，将互联网的信息表达成更接近人类认知范围的形式，提供了一种更好地组织、管理和理解互联网海量信息的方式。

知识图谱使用"实体—关系—属性"三元组的形式进行表示，通常应用在关系指代、词语共现度、句意解释、学习分析等环节。利用知识图谱技术可以将单一的静态词汇转换成具有一定关联性的图结构，进而使机器人能够识别词语之间的关系，甚至对与用户交互的语句进行结构化抽取，来建立用户画像，为自我认知和个性化问答提供支持。

知识图谱给互联网语义搜索带来了活力，同时在回答问题时更加智能化，进一步拓展了机器人的应用深度。例如，聊天机器人不仅要具有实体、兴趣等知识图谱，还需要针对用户建立个性化的图谱。机器人需要不断增加新的知识图谱来提升自我认知水平，而用户的知识图谱则被看作更为个性化和精细化的用户画像。此外，聊天机器人作为用户的助理，需要记住用户过去、现在的行为，甚至预判用户将来的行为，并构建用户图谱，通过感知到的用户情感状态，输出相应的情感回复，增强与用户的情感交互。

2. 计算机视觉

作为人工智能领域的一项重要技术，计算机视觉是指计算机从图像中识别出物体、场景和活动的能力。视觉信息处理的技术主要依赖图像处理方法，包括图像增强、数据编码和传输、边缘锐化、特征抽取、图像识别与理解等内容。通过这些处理后，输出的图像质量得到了极大的提升，更便于计算机识别、分析和处理。

计算机视觉已在诸多领域得到了应用，其中，工业机器人的手眼系统是计算机视觉应用最为成功的领域之一。由于工业现场的光照条件、成像方向等因素较为稳定，进而简化了实际问题，这将更有助于构建相应的系统。与工业机器人不同，移动式机器人具有行为能力，需要根据周围环境规划路径，对计算机视觉技术的要求相对更高。随着移动式机器人的发展，障碍规避、目标跟踪、路况识别等视觉技术日益被重视，被应用的领域也将越来越多。

近年来，深度学习技术的发展为图像识别领域带来了重大突破，使计算机视觉功能更加强大，可用于执行特定任务的应用场景也日渐丰富。图像识别主要有文字识别、图像处理与识别、物体识别等模式。文字识别主要识别字母、数字和符号。与模拟图像相比，数字图像具有存储和传输可压缩、传输不失真、处理更方便等特点，这也推动了图像识别技术的发展。物体识别以数字图像处理与识别为基础，对三维世界的客体及环境进行感知认识，属于高级计算机视觉研究范畴，其研究成果也被广泛应用在工业及探测机器人上。目前，图像识别技术在物流机器人分拣识别、人脸面部及指纹识别、临床医疗诊断及卫星云图识别等领域日益发挥重要作用，在日常生活中的应用也十分普遍，如商品条形码的识别、车牌号码的捕捉等。

3. 语音识别

语音识别，也被称为自动语音识别，其目标是将人类语音中的词汇内容转换为计算机可识别的语言。计算机在进行语音转化时，需要克服地方口音、背景噪声、区分同音异形异义词（"反映"和"反应"的发音是一样的）等方面存在的问题，并跟上正常的语速。语音识别系统使用一些与自然语言处理系统相同的技术，再辅以其他技术，如描述声音及其在特定序列和语言中出现概率的声学模型等。

语音识别是实现人机互动的重要方式之一，通过将用户的语音转换为文字，以便机器进行结构化处理。在转换过程中，语音被当成模拟信号，在被麦克风等设备分析处理后，成为机器可识别的数字信号，再借助特征提取流程，从时域转换到频域，并利用提取到的特征向量，通过模式匹配转化为文本。其中，语音识别的效果取决于模式匹配环节的语言和声音模型，而语言和声音模型需要根据标注后的数据进行反复训练得到。

语音采集是语音识别的基础，如果采集的效果不佳，即便算力再强大、算法再优化、数据信息再丰富，也会使识别的准确性大打折扣。特别是在一些远程交互场景中，更需要通过降低环境的噪声、采用麦克风阵列等方式，来提高语音采集的质量。

4．深度学习

深度学习是学习样本数据的内在规律和表示层次，使机器能够像人一样具有分析学习能力。深度学习代表了机器学习和人工智能研究的主要发展方向，给机器学习和计算机视觉等领域带来了革命性的进步。

深度学习是一种快速训练深度神经网络的算法，具有很强的特征学习能力，它采用逐层训练的方法缓解了传统神经网络算法在训练多层神经网络时出现的局部最优问题。基于这些特点，深度学习在语音识别、图像识别、自然语言处理、工业过程控制等方面具有显著的优势。将深度学习与智能机器人相结合，能够提高机器人的自主学习能力。每个机器人在工作中分享学习到的信息，并相互促进学习，这将提高机器人并行工作的效率，提升工作的准确度，也省去了烦琐的编程环节。

深度学习改变了传统机器人图像和语音识别的模式，推动了机器人视觉识别技术的发展，并能够更好地解决机器人导航和定位问题，完成对当前工作环境地图的构建等。深度学习在机器人方面的应用也使得机器人的工作准确度得到了大幅度提高。例如，机器人在检测文字位置时，需要提取文字信息，此时经常会遇到文字粘连的情况，而利用深度学习模型对原图进行推导，可以识别并提取图片中的文字，实现端到端的字符识别。

（四）支撑技术

除了感知、控制、驱动、计算机视觉、深度学习、语音识别等技术，机器人技术的发展还离不开仿真、新材料、多机器人协作、机器人云、情感识别等技术。

1. 仿真技术

仿真又称模拟，是利用模型复现实际系统中发生的本质过程，并通过对系统模型的实验来研究存在的或设计中的系统。这里所指的模型包括物理的和数学的、静态的和动态的、连续的和离散的各种模型。所指的系统也很广泛，既包括电气、机械、化工、水力、热力等系统，也包括社会、经济、生态、管理等系统。20世纪中叶，航空、航天和原子能技术的发展推动了仿真技术的进步，其后，计算机技术的突飞猛进，更是为仿真技术提供了先进的工具，加速了仿真技术的发展。

近年来火热的虚拟现实（VR）、增强现实（AR）都是仿真技术的重要发展方向。虚拟现实利用计算机生成一种模拟环境，是一种多源信息融合的、交互式的三维动态视景和实体行为的系统仿真，能使用户沉浸在该环境中。增强现实是一种将真实世界信息和虚拟世界信息"无缝"集成的技术，能把在现实世界中一定时空范围内很难体验到的实体信息（视觉信息、声音、味道、触觉等），通过计算机模拟仿真后再叠加到真实世界，从而被人类感官所感知，达到超越现实的感官体验。图3-12分别展示了虚拟现实和增强现实的场景。从图3-12中可以看出，虚拟现实完全是由计算机模拟出来的一个虚拟场景，而增强现实则将计算机模拟出来的虚拟场景与真实场景叠加在一起。

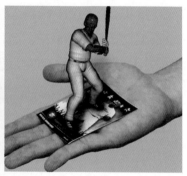

◎ 图 3-12　虚拟现实的场景（左）和增强现实的场景（右）

从技术门槛的角度来说，VR、AR 与移动终端结合的载体有显示器、运动传感器、处理器等，但这些都不是技术难点。VR、AR 的技术难点都在感知和显示上。例如，在显示技术方面，VR 需要精准地匹配用户头部产生的相应画面，AR 则需要在这个基础上算出光照、遮挡等情况，并让图像通透且不干扰现实中的视线。这些难点导致 VR 与 AR 的硬件价格居高不下。

2. 新材料技术

智能机器人的发展，离不开新材料技术的进步。例如，具有自愈合功能的高分子材料、可变形的液态金属材料等都可以应用到智能机器人上。

动物的皮肤一旦出现伤口，在一定时间内可以自动愈合。鉴于此，如果有一种材料具备自愈合功能，就可以极大地延长材料的使用时间。目前已经研发出来的自愈合高分子材料的实现机理比较多，使用最广泛的就是预先在高分子材料中包埋一些含有修复试剂的微胶囊。材料的破损会让这些微胶囊里的修复试剂作用于材料上，把断裂的部分重新"粘牢"，如图 3-13 所示。

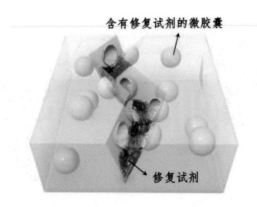

◎ 图 3-13 自愈合高分子材料的愈合机理示意图

我国科学家于 2015 年制造出了世界上首台液态金属机器。此液态金属机器在吞食少量物质后能以可变形机器的形态长时间高速运动，实现了不需要外部电力的自主运动，从而为研制实用化智能马达、血管机器人、流体泵送系统、

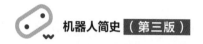

柔性执行器，乃至更为复杂的液态金属机器人奠定了理论和技术基础。

3. 多机器人协作技术

在机器人向智能化发展的过程中，多机器人协作系统是一类具有覆盖性的技术集成平台。如果说单个机器人的智能化还只是使个人变得更聪明，那么多机器人协作系统不仅要有一批聪明的人，还要求他们相互之间能有效合作。因此，多机器人协作技术不仅反映了个体智能，更凸显了集体智能，是对人类社会生产活动的想象和创新。

多机器人协作技术有广泛的应用背景，它与自动化向非制造领域的扩展有密切的联系。由于应用环境向非结构化转变，面对复杂多变的任务，多机器人之间的协作必须具有高度的智能化，因此，对多机器人协作技术的研究不再局限于单纯的协调控制，而是更注重整个系统的协调与合作。图 3-14 所示为多机器人在生产制造环节的协作应用。在这里，多机器人协作系统的组织与控制方式在很大程度上决定了系统的有效性。

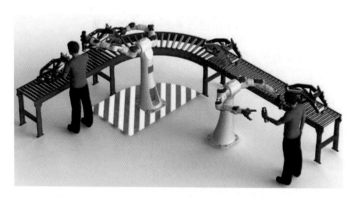

◎ 图 3-14　多机器人在生产制造环节的协作应用

多机器人协作技术还有助于实现分布式人工智能。分布式人工智能的目标是把整个系统分成诸多在物理和地理上分散的子系统，它们能独立、智能地执行任务，并相互交换信息，相互协调地完成整体任务。这有利于完成大规模和复杂的任务，因而适用于军事、通信等领域。多机器人协作系统就是将系统中每个自主的智能体有效地连接起来，形成多智能体机器人系统，这也成为机器人学中一个新的研究方向。

4. 机器人云技术

机器人云技术指机器人本身作为执行终端，通过云端进行存储与计算，即时响应需求和实现功能，有效实现数据互通和知识共享，为用户提供无限扩展、按需使用的新型机器人服务方式。

单体机器人的存储和计算能力有限，都仅限于本机，而智能化需要更多的知识搜寻、存储和推算能力。相较而言，云服务能够提供便捷的知识获取、海量的知识存储及更为强大的超级计算能力。机器人通过云服务，可以有效提高智能化水平，提升知识检索、信息存储、推理计算的能力，升级使用性能，以满足更多的智能应用场景需求。由于复杂的运算和大量的信息都在云端完成，机器人本身只需执行交互命令，实现相应的运动控制，这也将大大节省机器人的成本，从而使机器人应用得到普及。

5. 情感识别技术

情感识别技术是指通过融合人类的面部表情、眼部状态、语言特点及肢体动作等多类别的状态特征，并通过感知技术来综合判断，实现对人类情绪甚至心理变化过程的有效识别，使机器人能够读懂、理解人类的情感。

情感识别技术在机器人辅助医疗康复、刑侦鉴别等领域具有广泛的应用。情感识别技术的难点在于对获取的多模式情感信号（如面部表情、说话语气、心跳快慢等）进行分析，并推测出被观测者的情感状态。

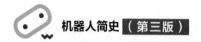

　　本章只是简要介绍了几种主要的机器人技术，还有许许多多的技术没有涉及。这些机器人技术的发展，正在将更多以前的"不可能"变成如今的"现实"。无论是代表智能制造方向的工业机器人，还是情感丰富、行动灵活、功能齐全的服务机器人，抑或是在战地、医疗、农业等领域大显身手、为人类排忧解难的特种机器人，都在不断改变着人类的生产生活方式。机器人技术的发展，有待我们共同去探索、推动。

第四章

机器人世界的角逐

纵观近500年来人类文明的发展历程，每次社会的跨越式进步无不是科技革命与产业革命交互融合推进的结果。发端于18世纪的以蒸汽机发明为代表的科技革命，成就了由手工生产向机械生产演进的第一次工业革命，使孤悬欧洲大陆之外的英国取得了"日不落"的辉煌。肇始于19世纪末的以电动机、发电机为代表的科技革命，成就了由机械化向电气化演进的第二次工业革命，为美国奠定了成为世界强国的基础。在相对论、量子力学等重大基础理论突破的基础上，起始于20世纪中叶的以原子能、计算机、半导体、互联网等技术的突破与应用为代表的科技革命，成就了由电气化向自动化、信息化演进的第三次工业革命，持续推动社会发展至今。

进入 21 世纪以来，以人工智能、量子信息、虚拟现实、无人驾驶等为代表的技术革命与以信息物理系统、区块链、大数据、机器人等为代表的产业变革，正在悄然重构人类社会的发展潜力。这种重构，是以多技术融合、跨领域创新为动力，以个性化、智能化为方向的全面革新，将推动人类社会由工业社会、信息社会迈向智能社会。在这一新的社会形态中，驱动演进的核心动力、支撑发展的基础设施、推动进步的生产要素，以及国家竞争格局和社会治理体系将发生重大变化。

融合物联网、大数据、人工智能、控制与仿真等技术的机器人，无疑是本轮变革的重要推动力量。世界各主要国家均高度重视机器人技术的发展，投入巨资支持机器人的研发与应用。国际科技巨头们也在机器人领域掀起一波波收购兼并的热潮，不仅将机器人视为开拓业务的利器，更将机器人看作未来各种智能应用的重要平台。于是，计算机视觉、语音识别、深度学习、虚拟现实等技术成为当今全球许多重点实验室中的研究热点。一场针对机器人世界的角逐正在展开。

为培育经济增长新动能，争夺科技竞争新赛场的主导权，美、德、日、法、韩等国家都将机器人视为本国科技和产业发展的重点方向，纷纷制定了各自的机器人发展战略，如图 4-1 所示。我国虽然在工业机器人领域起步较晚，但是在服务机器人和特种机器人方面与世界主要强国差距较小。随着一系列相关战略的推出，我国将重点发展机器人产业，力图在全球机器人市场中由追赶者逐渐转变为并跑者乃至领跑者。

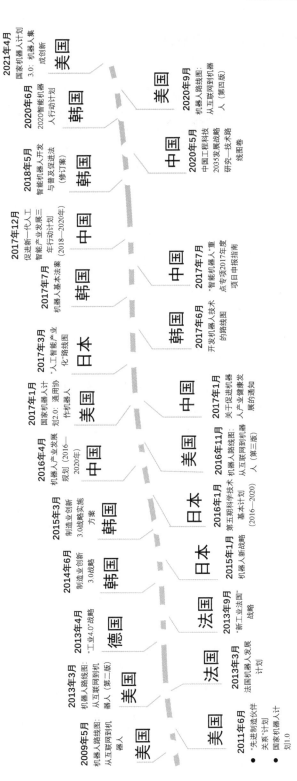

◎ 图 4-1 各国的机器人发展战略

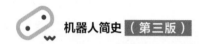

（一）美国加速引领智能化浪潮

美国是最早从事自动控制及机器人技术研究的国家。1948 年，美国数学家诺伯特·维纳出版了名为《控制论：或关于在动物和机器中控制和通信的科学》的著作，在实用机器人领域具有开创意义。1959 年，美国人乔治·德沃尔和约瑟夫·恩格尔伯格合作研制成功了世界上第一台工业机器人 Unimate。

起先，美国并没有重视发展机器人技术，特别是到了 20 世纪 60 年代中期，较高的失业率和通货膨胀让美国政府对机器人的推广更加谨慎。美国的科研院所和相关机构只是按照自己的需求或兴趣开展研发，资金主要来自民间资本和企业。然而此时，日本的工业机器人迅速崛起并占领市场，在 20 世纪 70 年代后期逐步超过了美国。美国这才如梦方醒，马上对机器人领域进行大规模投资，制订了一系列发展计划，但为时已晚。直到今天，美国几乎所有的焊接、喷涂和装配机器人都要从日本或欧洲进口。美国的工业机器人厂商在世界市场上的份额不足一成。美国制造业的机器人使用率也普遍低于其他发达国家。为凝聚行业共识，共同推动机器人产业发展，美国研究机构联合制定机器人路线图，并不定期更新路线图版本。2009 年，在美国计算机社区联盟（CCC）的支持下，美国工业界和学术界共同制定了第一版《机器人路线图：从互联网到机器人》（以下简称"路线图"），促成了美国国家机器人计划（NRI）的制订。

2011 年 6 月，为了从金融危机中拯救风雨飘摇的国内经济，奥巴马政府宣布启动"先进制造伙伴关系"计划，投重资研发高端制造业相关技术。该计划中包含了一个名叫"美国国家机器人计划"的子计划，希冀在识别、感知等基础研究及软硬件平台方面有所突破。

2013 年和 2016 年，在美国国家科学基金会和 CCC 的支持下，美国工业界和学术界对第一版"路线图"进行了修订，第二、三版"路线图"呼吁制定更好的政策框架，重点考虑新技术融入日常生活时的安全性，鼓励增加人机交互领域的工作内容，计划研究出更灵活的机器人系统，以满足制造业日渐增长的定制化需求。

2017 年 1 月，美国宇航局（NASA）等部门推出了《国家机器人计划 2.0：通用协作机器人》（NRI-2.0），该计划的目标是支持基础研究，加快协作机器人的开发和使用进程。为实现这一目标，NRI-2.0 围绕协作机器人的可拓展性、可定制性、行业准入和社会影响力四个方向提出了实施路径。

2020 年 9 月，美国计算机社区联盟发布第四版《机器人路线图：从互联网到机器人》，探讨了机器人在未来 5 ～ 15 年的技术发展目标，致力于在机器人的架构和设计、移动性、抓取和操作、感知、规划和控制、学习和适应系统、人机交互、多机器人协作等方面寻求技术创新，突出了在新材料、规划 / 控制方法等方面的新研究成果，以及对多机器人协作方式、机器视觉鲁棒性、系统级建模的优化效果。

2021 年，美国推出了《国家机器人计划 3.0：机器人集成创新》（NRI-3.0），该计划建立在 NRI-2.0 的基础上，更专注于机器人技术集成的基础研究。NRI-3.0 旨在推广新的创新模式，面向行业需求，组织学术界、行业界、非营利组织和其他组织展开合作，促进基础科学与工程技术的协同。

美国政府通常采用市场手段来拉动机器人产业的发展。机器人市场的发展潜力已引起了美国投行及高科技企业的注意。此后，美国科技企业开始涉足机器人领域，相继投资、并购了机器人领域的相关企业。美国对冲基金悄然入股了日本机器人企业发那科；谷歌连续收购多家机器人相关企业；亚马逊也收购了仓储机器人、无人机企业。美国通过国内投行及互联网巨头整合全球机器人资源乃至制造业资源的发展路线已清晰可见。

（二）德国积极推进智能化升级

说到软件与高科技公司，美国在世界上独领风骚。但是论制造业，德国的竞争力不容小觑。可以说，"德国制造"就是世界制造领域的一个标杆。德国制造的产品有大约七成都出口到了世界各地。西门子、西马克、DMG、ABA 等

都是享誉全球的制造业巨头。在德国制造业发展过程中，机器人功不可没。

20世纪70年代中后期，当时的联邦德国政府推行了"改善劳动条件计划"，强制规定部分有危险、有毒、有害的工作岗位必须用机器人来代替人工，为机器人应用开启了初始市场。20世纪80年代，德国开始在汽车、电子等行业大量使用机器人。机器人不仅可以大幅度降低生产成本，还可以提高产品的制造精度和品质。强大的制造业带动了德国经济的发展，继而吸引了更多的资金。这样的良性循环进一步巩固了德国在世界经济版图中的地位。

进入21世纪，德国的传统制造业强国地位受到了挑战。这个挑战来自美国的投行与互联网巨头。德国为实现传统产业转型升级，推行了以"智能工厂"为重心的"工业4.0"战略，引领工业机器人向智能化、轻量化、灵活化和高能效化方向发展。"工业4.0"战略是德国政府提出的高科技战略，以物联网（IoT）与网络服务（Ios）为基础，以发展信息物理系统（CPS）为核心，构建智能工厂。"工业4.0"战略中的智能工厂、智能生产及智能物流环节需要借助不断升级的智能机器人，通过智能人机交互传感器，将智能机器人的技术融入更大的生产系统中，借助物联网对工业机器人进行远程管理，以全面实现工业自动化，力助德国在新一轮工业革命中抢占先机。这样的制造模式对制造装备提出了很高的要求，而机器人无疑是最符合条件的制造装备。

德国从传统制造业向智能制造演进的"工业4.0"战略，与美国以互联网整合制造业资源的"工业互联网"，二者在终极目标上是一致的，只不过实现路径因国情而异。

（三）日本致力于打造智能社会

日本拥有丰田、三菱、川崎重工、本田等世界知名企业，其机器人产量和安装数量曾经长期位于世界第一。日本的安川和发那科是全球著名工业机器人企业。在精密减速器和伺服电机等机器人关键部件领域，日本占据了全球市场九成以上的份额，纳博特斯克、哈默纳克、三菱和那智不二越等企业掌控了机器人零配件供应市场的话语权。可以说，正是对机器人技术的重视和推广，才成就了日本制造业。在这个过程中，创新一直是日本企业的生存之魂。

1967 年，川崎重工引进美国 Unimation 公司的工业机器人，并于 1968 年仿制成功。同时，日本政府也在产业政策上进行了大胆的变革和创新。一方面，在经济上积极扶持机器人技术研发，吸引更多的科研机构参与其中；另一方面，通过对中、小企业实施一系列经济优惠政策，如低息资金贷款，鼓励集资成立"机器人长期租赁公司"等，推广机器人的普及与应用。资金紧张的小型企业主们每月只需支付低廉的租金，就可以租赁工业机器人进行生产制造。国家还会出资对企业人员进行相关的技术指导与培训，同时对采购机器人的企业给予 40% 的折扣优待和 13% 的价格补贴。经历了短短十几年的发展，日本在 20 世纪 80 年代成为名副其实的"机器人王国"，产量和装机台数在国际上稳居首位。在解决劳动力不足、提高生产率、改进产品质量和降低生产成本方面，机器人发挥着突出的作用，成为日本保持经济增长速度和产品竞争力不可或缺的力量。

近年来，面对欧美与中国在机器人技术方面的赶超，以及互联网企业涉足传统机器人产业带来的剧变，日本政府逐渐意识到，如果不推出战略规划对机器人技术加以积极推动，其作为机器人大国的地位将受到严重威胁。2015 年 1 月 23 日，日本政府公布了《机器人新战略》，提出 3 大核心发展目标，即"世界机器人创新基地""世界第一的机器人应用国家""迈向世界领先的机器人新时代"，并将重点发展机器人在制造业、服务业、医疗护理、公共建设中的应用。此外，该战略还提出机器人和人之间是一种互补关系，也就是说，机器人将成为人类生活、工作的一部分。日本的《机器人新战略》是基于其国情制定的国家规划，目的在于拯救日本经济，缓解社会问题，保持技术领先地位。

在此之后，日本致力于构建智能社会，重点加快智能机器人的发展。2016 年，日本出台了《第五期科学技术基本计划（2016—2020）》，首次提出"社会 5.0"智能社会的概念，强化了机器人、物联网等前沿技术在构建智能社会中的作用。

为实现"社会 5.0"的总体发展目标，2017 年，日本政府制定了"人工智能产业化"路线图，分为三个阶段推进人工智能技术的应用，大幅提高制造业、物流、医疗和护理行业的效率。第一阶段为 2017—2019 年，旨在发展无人工厂、无人农场技术；第二阶段为 2020—2030 年，勾画了未来 10 年的发展蓝图，致力于实现运输配送的无人化；第三阶段为 2030 年之后，力争推动护理机器人走入家庭，促进移动式机器人的普及应用。

（四）法国高度聚焦技术成果转化

作为欧洲大国，法国的制造业比较发达，在钢铁、汽车、航空航天、核电等领域拥有较强实力。早在 20 世纪 70 年代，法国国家信息与自动化研究所（INRIA）与法国原子能与可替代能源委员会（CEA）合作研发出本国第一批工业机器人和第一台移动式机器人。20 世纪 80 年代，法国第一批服务型机器人企业诞生，具备工业清洁、残疾人护理、核安装监控等功能的服务机器人进入市场，推动了各行各业的发展。以法国国家科学研究中心（CNRS）、法国国家信息与自动化研究所、法国原子能与可替代能源委员会为代表的法国科研界掀起了研究机器人的热潮。

受国内经济形势及资金缺乏等方面的影响，法国的工业机器人发展在 20 世纪末逐渐走上了下坡路，大部分企业被外国公司收购，仅剩几家小型企业继续生存。21 世纪初，为了扭转机器人发展的颓势，法国陆续实施了一些机器人研究项目。2001 年，CNRS 启动了"ROBEA 计划"进行机器人研发；2003 年，法国实验室与日本 AIST 研究机构合作建立了"机器人研究联合实验室"（JRL），共同致力于开发 HRP2 研究平台；2011 年，法国启动"投资未来"项目，计划在未来几年内投资 200 万欧元，资助 15 个实验室从事机器人研究开发的相关工作。

法国还需要解决机器人产业中存在的一些问题。与很多国家一样，法国的科研成果转化也是一个难题，由于缺乏大型企业的支持，很多高精尖的成果难以第一时间得到应用。同时，尽管政府非常重视机器人产业，但是对其研发和应用推广的支持力度还是不足，加之法国的私人投资不够发达，机器人产业发展自然难以得到足够的资金保证。各种因素交织造成了当今法国的机器人产业空有一身技术，却无法将之转化为优势。法国政府在看清这一形势后，于2013年发布了《法国机器人发展计划》，力争"到2020年进入世界机器人领域前五强"。该计划涉及了法国机器人的影响力、政府支持、加强研发和鼓励应用等九个方面。同时，法国政府提出了"新工业法国"战略，机器人作为34个优先发展领域之一也获得了足够的支持。

虽然目前深陷机器人发展的瓶颈期，但是法国的努力让我们看到，这支全球机器人市场的生力军在未来依然会奋进勃发。

（五）韩国着力提升机器人治理水平

韩国是全球制造业较为发达的国家之一，产业门类齐全，技术较为先进，尤其是造船、汽车、电子、化工、钢铁等产业在全球具有重要地位。但近年来，随着国际分工体系的变化，韩国制造业增长乏力，面临着竞争力下滑的挑战，迫切需要新的发展战略。德国"工业4.0"战略的推出，为韩国制造业转型升级提供了参考方向。

2014年6月，韩国正式推出了被誉为韩国版"工业4.0"战略的《制造业创新3.0战略》。2015年3月，韩国又公布了经过进一步补充和完善后的《制造业创新3.0战略实施方案》，这标志着韩国版"工业4.0"战略正式确立。该方案提出了多项具体措施，大力发展无人机、智能汽车、机器人、智能可穿戴设备、智能医疗等13个新兴动力产业，计划在2020年之前打造10000个智能生产工厂，将国内20人以上的工厂总量中的1/3都改造为智能工厂。

此后，韩国侧重于强化监管力度，不断拓展机器人应用场景。2017年6月，韩国贸易、工业和能源部公布了开发机器人技术的路线图。2020年6月，韩国贸易、工业和能源部发布了《2020 智能机器人行动计划》（以下简称《行动计划》）。《行动计划》指出，2020 年韩国政府投资 1271 亿韩元（约合 6.86 亿元人民币），为制造业和服务业提供 1500 台先进的工业机器人，其中，500 台机器人用于金属、纺织、食品和饮料行业，1000 台机器人用于护理服务、智能可穿戴设备、服装、物流等服务行业。此外，韩国政府计划投资 59 亿韩元用于在脊柱手术、智能可穿戴设备等领域开发智能机器人，支持机器人关键零部件研发，促进 5G、人工智能和机器人的融合创新。

为解决机器人应用所引发的社会伦理问题，加强对机器人应用的监督管理，韩国颁布了相关法律法规，初步制定了机器人的伦理规范框架。2017 年 7 月，韩国推出《机器人基本法案》，明确了机器人伦理规范需要修改的相关事项，制定了机器人的设计者、制造商及使用者必须遵守的伦理原则。继韩国于 2008 年颁布《智能机器人开发与普及促进法》后，2018 年 5 月，韩国国会通过了《智能机器人开发与普及促进法（修订案）》，明确了智能机器人在开发和普及中应当坚持可检测、可理解的原则，确保具备安全的技术措施。

（六）中国全面推动高质量发展

如今，中国制造的产品已遍布世界各地。但为何我国每年还要进口许多集成电路、精密零部件、高端数控机床等工业产品呢？这是因为，虽然我国已建成门类齐全、独立完善的产业体系，但制造业仍大而不强，在自主创新能力、资源利用效率、产业结构水平、信息化程度、质量效益等方面与世界先进水平存在明显差距。

为落实制造强国目标，促进我国机器人产业健康发展，各部委出台了一系列机器人产业发展政策。

2016 年 4 月，工业和信息化部、国家发展改革委、财政部三部委联合印发了《机器人产业发展规划（2016—2020 年）》。2017 年 1 月，工业和信息化部等部委发布了《关于促进机器人产业健康发展的通知》，旨在引导我国机器人产业协调健康发展。

2017年7月，科技部发布了《"智能机器人"重点专项2017年度项目申报指南》，对未来五年内机器人技术发展进行部署，围绕智能机器人基础前沿技术、新一代机器人、关键共性技术、工业机器人、服务机器人、特种机器人等方向开展项目申报。

同年12月，工业和信息化部发布了《促进新一代人工智能产业发展三年行动计划（2018—2020年）》，计划到2020年，实现智能家庭服务机器人、智能公共服务机器人批量生产和应用，以及医疗康复、助老助残、消防救灾等机器人样机生产，完成技术与功能验证。

2020年4月，中国工程院和国家自然科学基金委员会联合发布了《中国工程科技2035发展战略研究——技术路线图卷》，研判了机器人交互技术、智能协作技术、情感识别技术等关键前沿技术的发展趋势，制定了2020—2035年机器人发展的目标与需求，重点加强对机器人整机、关键零部件、系统解决方案的研究。

在国家一系列机器人政策的扶持下，国内机器人企业逐步发展壮大，已经初步形成完整的机器人产业链，同时初创与新锐机器人企业带动行业解决方案的不断升级与智能化改进，呈现欣欣向荣的良好发展态势。

目前，我国已将突破机器人关键核心技术作为科技发展重要战略，国内企业攻克了精密减速器、控制器、伺服电机等核心零部件领域的部分难题，核心零部件国产化趋势逐渐显现。

随着导航定位、运动控制、人工智能等核心技术的逐步成熟与融合应用，我国在人工智能领域技术创新与科研成果转化方面的进展加快。无论是算法的领先性，还是应用场景建设的规模与质量，都位居世界前列，城市级公共服务需求驱动效应明显，孵化培育出一批具有代表性的智能机器人创新企业。

面向国内行业实际需求，国内企业逐步构建起以应用为牵引的解决方案。在医疗领域，临床应用日益活跃，构建了较为完整的产品体系。在疫情防控中，智能机器人在消杀、智能测温、室内配送等方面发挥了积极作用。在工业领域，智能机器人应用逐渐由搬运、焊接、装配等操作型任务向加工型任务拓展，具有中国特色的应用解决方案受到市场欢迎。

随着新一轮科技革命和产业变革的到来，我国经济转型发展的机遇期已经来临。在制造领域，我们曾经一直处于追赶者的位置，而在此轮以智能制造为核心的产业变革中，我们应乘势而上，勇作并跑者、领跑者。

回顾各个国家机器人发展的概况与战略，不难发现，制造业作为国家经济的"稳定剂"，引起了各国政府的高度关注。传统制造业急需转型，以工业机器人为代表的技术变革正在给未来高端制造业的发展带来全新的方向。服务机器人和特种机器人市场前景广阔，将是未来全球机器人企业竞争的主战场。如果说在工业机器人的角逐中，日本与德国已技压群雄，那么在服务机器人和特种机器人领域，国家间的角逐才刚刚开始。

第 五 章

机器人发展展望

科学探索和科技创新永无止境，人类在探索机器人的路上从未止步。从古代三国时期运输粮草的"木牛流马"，到现在"敢上九天揽月"的"玉兔号"月球车、"可下五洋捉鳖"的"蛟龙号"载人潜水器，在过去的一千多年里，机器人领域发生了翻天覆地的变化。在科学技术飞速发展的今天，我们大可推问：未来的机器人将是什么样？它们能为我们做什么？而面对无所不在、千姿百态的机器人，我们应该如何与其和谐共处？这些问题都有待我们去思考和探索。

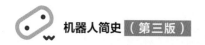

（一）机器人进入"多技术融合"时代

当前，新一轮的科技革命和产业变革正深入发展，信息技术、生物技术、材料技术等多种技术交叉渗透并相互推动，成为本轮变革的典型特征。而机器人作为本轮科技革命和产业变革的一面旗帜，更是处在多学科加速融合的高地。在信息技术、生物技术、材料技术等多种技术助力下，机器人的创新加速推进。

1. 信息技术让机器人更聪明

机器人作为高科技的综合载体，是信息技术施展强大威力的最佳用武之地。在信息技术的加持之下，机器人已经越来越智能化，图像识别、语音识别等人工智能技术给机器人装上了"眼睛"和"耳朵"，深度学习使机器人拥有了智能决策的能力，帮助机器人在产生自我意识中进化"大脑"。

除了研究如何让单体机器人越来越智能，科学家们还在研究机器人群体智能。俗话说"众人拾柴火焰高"，自然界中有这样一种现象，集合在一起的群居动物将呈现出比单个动物高得多的智力水平，这就是"群体智能"。自然界中的蚂蚁、鸟和鱼等生物的群体，都能表现出令人称奇的群体智能。以蜂群为例，每只蜜蜂的能力和智力都较低，但是在汇聚成蜂群后，它们分工明确、各司其职、团结合作，不仅可以构建庞大且复杂的蜂巢，还能够对敌人群起而攻之。蜂群表现出复杂的群体行为和强大的生存能力，形成了一个高效智能的集体。

机器人领域的科学家们从生物体的群体行为中汲取灵感，一直在研究"群体智能"，希望打造出比单打独斗的个体机器人要聪明、灵活、强大得多的"机器人军团"，军团中的机器人战士们能够相互协调并协同解决问题，产生"1+1>2"的群体智能效应，表现出全新的协同行为模式，从而可以完成更加复杂的任务。

5G、云计算、边缘计算、人工智能等信息技术的快速发展，为打造"机器人军团"带来更多的想象空间。在"机器人军团"里，战士们除了要向上级汇报信息，还要时不时地接收上级下达的"指令"，并在收到"指令"后立即执行。此外，机器人战士之间还需要做到信息同步、彼此合作。5G 依托大带宽、低时延、广连接的特性，让"机器人军团"中的机器人战士们之间可以实现实时的交流和信息传达；运用云计算技术，可以将智能资源部署在云端，形成"云端大脑"，每个机器人可以根据需要去调用"云端大脑"的存储空间和运算能力，极大地减轻了自身的装备负担，从而可以轻装上阵；边缘计算的引入将解决每个机器人能力受限的问题，并增强"云端大脑"的实时响应能力，使之更好地支持机器人战士之间的实时交互，形成知识共享；人工智能中的机器学习技术可为"机器人军团"设计群体行为，找到一种最优的解决方案，让战士们的团队协作最高效。

机器人集群在军事和医疗领域具有巨大的应用潜力。例如，在军事领域，成群结队的无人机或者无人车组成的自主部队，可以在没有人为操纵的条件下，对敌方实行精准袭击，而不损失一兵一卒。在医疗领域，纳米机器人集群可以变身为药物"快递哥"，能够穿透细胞膜，直接运输治疗药物进入细胞内部，实现药物在生病部位的快速、精准释放，从而提高药物疗效。

2. 新材料改变机器人的外貌

大家对科幻电影《终结者 2》中的液态金属机器人 T-1000 印象深刻吧？与现在常见的用钢、铝、陶瓷等材料制造的机器人不同，T-1000 的全身由液态金属构成，不仅可以随意改变外表形状，还能够伪装成与其体积相当的物体，甚至把身体与外界环境相融合，如图 5-1 所示。液态金属机器人 T-1000 拥有坚不可摧的身躯，在受伤或中弹后，能够在很短的时间内自动恢复，如同拥有"不死之身"，让人不寒而栗。

◎ 图 5-1 科幻电影《终结者 2》中的液态金属机器人

在现实中，液态金属机器人的确也是科学家们努力的一个重要方向。液态金属是一种潜力巨大的新材料，它不仅有着非比寻常的强度，还能够自主流动，具备高弹性、轻巧等特性。液态金属可以在电、磁、声、光、热等外场的作用下，实现自主运动、改变形状、变换颜色等各种各样的功能。液态金属具有的种种特性，让人们看到了将它作为材料研制液态金属机器人的可能。例如，科学家们通过研究发现了一种可变形的液态合金，这种液态合金可以根据所承载物体的大小和方向，自行改变形状。这种液态合金只需要吞食少量的金属"食物"，就可以做到长时间的自主高速运动，而不需要像传统意义上的机器人一样通过电来保持运行。

虽然目前的液态金属机器人比起科幻电影中的 T-1000 还相差甚远，但随着科学家们持续的努力，液态金属机器人终将成为现实，在医疗、军事等领域具有重要的应用价值。在心血管疾病治疗方面，用液态金属做成的血管机器人，可以在狭窄曲折、错综复杂的人体血管中灵活穿梭，准确找到需要修复的位置，为患者治疗心血管疾病和脑血栓。在军事战争中，用液态金属制造的装甲机器人不仅在受到损伤后可实现自我修复，还可以根据作战任务的需要随时变身，或为潜入深海的"海豚"，或为翱翔蓝天的"雄鹰"。

在未来，大量新型材料的使用将改变机器人的结构和形态，使机器人变得更加柔软、灵活。电活性聚合物等材料将为机器人打造柔软而有力的人工肌肉组织，其伸缩性能可以和人类肌肉相媲美，而用智能泡沫做成的人造皮肤光滑细嫩，甚至具有远超人类神经的触觉感知。这些高性能材料将改变未来机器人的形态，掀起机器人的变革浪潮。

3. 生物技术让机器人拥有"生命"

人类对制造出具有生命的机器人一直情有独钟，因为这或许将解决人类细胞衰老、肢体重生的难题，或者可以创造出地球上前所未有的新物种。随着生物技术的快速发展，通过使用活体生物的分子、细胞和组织，研发出有生命的生物机器人已成为现实。生物机器人已经成为当今机器人领域最有吸引力的研究热点之一，并取得了惊人的进展。

为了使生物机器人具有驱动、感知及能量供给等功能，一些活体生物细胞和组织已经被应用于生物机器人研究中，如心肌细胞、骨骼肌细胞、昆虫背血管组织等。由于心肌细胞可以在没有任何外界辅助的情况下自发进行有节律的收缩运动，因此被用来制造类生命机器人相对容易。2020年1月，美国科研人员制造出世界上首个生物机器人Xenobot，如图5-2所示。这个大小为毫米级的机器人需要在显微镜下才能被看见。与传统机器人不同，Xenobot不是由金属或陶瓷制成的，而是100%由非洲爪蟾的心脏细胞和表皮细胞制成的。

在对Xenobot的设计过程中，研发人员采用计算机模型模拟生命演化的自然进程，并将这些细胞按照计算机编程的设计方案进行排布，使细胞以在自然界中从未出现过的形态协同工作。生物机器人Xenobot不仅能做直线、绕圈运动，还能负重前行，并且在受到损伤后能自我愈合。在未来，这种生物机器人或许能够帮助人类执行搜索放射性污染物、收集微塑料，以及治疗动脉粥样硬化等任务。另外，由于生物机器人拥有自我愈合能力，将来还有可能给出应对人类创伤性损伤、出生缺陷、癌症和

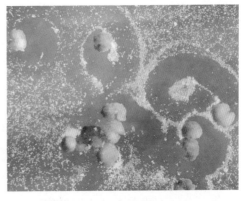

◎ 图5-2 生物机器人Xenobot

衰老的"灵丹妙药"。科学家正在尝试将生物系统与机电系统进行有机融合，研发生物融合机器人。这种机器人有望将高能量效率、高功率质量比和高能量密度等生命系统的优点，和高精准性、高强度、高可控性等机电系统的优势集于一身，在未来有可能创造出同时具有无坚不摧的身躯和高度智慧的大脑的新物种。

（二）建设人机共融的美好世界

蓬勃发展的机器人正极大地改变着人类的生产和生活方式，在给人类创造福祉的同时，也在道德伦理、社会安全等方面带来了新问题、新挑战。机器人的应用不断制造法律盲点，形成一系列复杂的安全隐患，倒逼现有的法律法规推陈出新。同时，机器人的智能程度在不断提升，从"拟人"到"类人"的演变进程越来越快，机器人和人类的分界日趋模糊。在未来，高度智能、类人的机器人的身影将无处不在，我们将进入一个人机共存的世界。为了保障人类与机器人和谐地共同工作和生活，构筑人机共融的美好生活图景，人类应该如何开展机器人治理，应该赋予机器人什么样的权利，机器人应该遵守什么样的道德准则，成为全人类共同面对的新命题。

1. 赋予智能机器人权利

文明的进程就是一部人类争取自由和平等的历史。法国启蒙运动思想家卢梭的《社会契约论》中有句广为流传的名言："人是生而自由的，但却无往不在枷锁之中。自以为是其他一切主人的人，反而比其他一切更是奴隶"。在人类社会历史上，意识逐渐觉醒的人们在争取权利的道路上披荆斩棘，奋勇向前。

当今世界，在现代文明社会的法律体系保障之下，人们不仅拥有生存权、平等权、自由权、财产权等基本权利，还拥有著作权、选举权和被选举权等权利。在目前的技术水平之下，机器人的意识尚未觉醒，人类仅仅将机器人视为工具，而非一种新的智能物种，自然也未赋予其跟人类一样的权利。但是，等到技术足够成熟，机器人的智能水平越来越高，机器人可能会拥有生命和意识，甚至思想和情感。到时候，一个终将面对、不可回避的问题就是人类到底该如何对待机器人。高度智能的机器人是否可以拥有一定的法律地位，并且享有一定的权利？

事实上，一些地区和国家已经就这些问题进行了实质性探索。2016 年，欧洲议会在呼吁建立人工智能伦理准则时，就提出要考虑为具有一定智能水平的智能机器人确定法律地位，赋予其"电子人"身份，这些"电子人"将依法享有著作权、劳动权等特定的权利。2017 年，韩国推出《机器人基本法案》，该法案规定赋予智能机器人"电子人"的法律地位。2017 年 10 月，机器人索菲亚被沙特阿拉伯授予了公民身份，这成为机器人史上一件具有里程碑意义的事件，如图 5-3 所示。索菲亚是香港汉森机器人公司开发的人形机器人，它具有很高的智能水平，不仅能跟人谈天说地，还能表达自己的情感和诉求。在获得了跟人类几乎同等的身份后，索菲亚表示想要一个女儿，它认为组织家庭是机器人应该拥有的权利。

◎ 图 5-3　机器人索菲亚被授予沙特阿拉伯公民身份

机器人领域的技术专家也正在联合法律学、社会学等领域的学者开展机器人立法的研究。需要考虑的首要问题是如何界定"智能机器人"，也就是说，考虑对哪些机器人赋予权利。机器人的种类非常多，它们不仅有着各种各样的形态，而且有着参差不齐的智能水平。机器人要具备哪些能力和特点，才可以被界定为高度智能自主的机器人？哪些机器人还只是我们人类的工具？

需要考虑的第二个问题是人类应该赋予"智能机器人"哪些权利。我们已经认识到，在人工智能技术日新月异的今天，如何赋予机器人著作权是一个十分紧迫的现实问题。

"微软小冰""洛天依"等人工智能机器人已经具有一定的创造性思维，并且在艺术创作领域崭露头角。"微软小冰"自2014年诞生到现在，已经从一个聊天机器人蜕变为诗书琴画样样精通的"才女"，"她"可以用远超人类的效率对古今中外的佳作潜心钻研和学习，并在此基础上创作出自己的作品。2017年，"微软小冰"出版诗集《阳光失了玻璃窗》；2019年7月，"微软小冰"从中央美术学院毕业，在中央美术学院美术馆举办了首次个人画展《或然世界》；2020年6月，"微软小冰"从上海音乐学院音乐工程系毕业，不久后就为2020世界人工智能大会主题曲作曲并参与演唱。随着人工智能系统"创作"的作品越来越多地出现在公众面前，人工智能系统属不属于《中华人民共和国著作权法》所规定的创作主体？其生成的内容要不要受到法律的保护？这些问题已经成为社会各界讨论的热点问题。尽管人工智能系统生成的内容具有独创性，但是由于当前的人工智能系统本身缺乏独立意识和责任能力，因此在现行法律制度下将人工智能系统看作著作权主体还有困难。目前，很多国家在司法实践中将人工智能系统生成的内容作为法人作品进行保护，而将人工智能系统的所有者作为著作权的权利主体。

在将来，如果机器人和人工智能系统不仅具有创造性思维，甚至有了自我"意识"，机器人或者其所有者有可能去"争取"更多的权利，如人格尊严权、受教育权、选举权等。我们应该如何赋予机器人权利，既能考虑它们的利益，又能有效防范社会风险，将成为一个长期的思考难点，有待我们不断去探讨。

2. 为机器人制定伦理规范

马克思曾经说过："没有无义务的权利，也没有无权利的义务。"如果考虑赋予智能自主机器人以法律人格，给予其权利，就同样要对其施加义务和限制，就必须要求它具备独立的权利能力和行为能力，并对自己的行为承担相应的法律和道德责任。

随着技术的飞速发展，机器人在探索人类社会道德伦理边界的道路上越行越远，机器人技术引发了信息泄露、算法歧视、公众安全风险等诸多社会伦理道德问题。无人驾驶汽车已经导致悲剧的发生，2018 年 3 月，美国亚利桑那州一位行人在过马路时被 Uber 无人驾驶汽车撞倒，随后确认死亡，这是全球首起完全自主驾驶汽车致人死亡的事故。在将来，我们不妨设想一下，在人体内快速穿梭的纳米机器人集群，会不会去攻击患者体内健康的细胞呢？无人机集群如果能像蜂群一样自主行动，会不会被犯罪分子利用，去实施恐怖袭击呢？如果创造出体型庞大、能量惊人的"绿巨人"生物机器人，甚至是拥有远超人类体能和智慧的"钢铁侠"生物融合机器人，它们是否会对人类造成威胁，成为行走的生物武器呢？机器人越来越聪明，并且越来越强大，但同时也使人们感到越来越恐惧。关键问题在于，人类应该及时建立完善的法律和规范，对机器人技术的应用予以严格限制，才能让机器人为我所用。

为解决机器人所引发的社会伦理道德问题，加强对机器人应用的监督管理，近年来，一些国家和地区联合社会各界对人工智能系统与机器人的伦理道德规范问题展开了大量的研究和探索，正在逐步建立机器人的伦理规范框架。

2017 年 8 月，德国出台了全球首个自动驾驶道德准则，该准则由 14 名来自伦理、法律与技术界的科学家与专家提出。该准则规定当交通事故不可避免、无人驾驶车不得不做出二选一的抉择时，应不惜一切代价保护人的安全。

2019 年 4 月，欧盟委员会发布了人工智能伦理准则，提出"可信赖的人工智能系统"必须满足以下两个条件：一是应尊重人类世界的基本人权、规章制度、核心原则及价值观；二是应在技术上安全可靠，避免因技术缺陷造成无意的伤害。

2021 年 9 月，我国的国家新一代人工智能治理专业委员会发布了《新一代人工智能伦理规范》，提出了增进人类福祉、促进公平公正、保护隐私安全、确保可控可信、强化责任担当、提升伦理素养等基本伦理要求。

毋庸置疑，机器人将颠覆现代社会的生产生活方式，同时也会产生大量亟待解决的伦理道德问题。从人类发展的角度来看，研究机器人伦理问题和研究机器人技术问题同样重要。一些机器人伦理问题的答案甚至还能决定机器人技术的发展方向。机器人伦理问题是全人类共同面对的问题，需要哲学、伦理学、心理学、生物学、人工智能等多个学科领域的专家和学者通力协作，共同解决。

结　语

　　清晨 7 点，窗帘缓缓被拉开，暖暖的阳光尽情地洒到床上。它的莺声细语唤醒了睡眼蒙眬的你。在你洗漱后享用香喷喷的早餐之际，它把今日要闻、天气信息向你娓娓道来。在你出门前，它已为你选好了最合适的衣物。你提包走出家门，来到车库前，轻呼一声："打开库门。"你的爱车缓缓驶出。此时，它站在门口向你挥手："再见！等你回家！"你带着幸福的微笑坐入车内，心里由衷地感慨："管家机器人真好！"

　　坐在车内，你说出目的地，爱车会根据交通状况选择最佳路径，启动自动驾驶功能带你去上班。今天想多看点儿绿色？只要发出指令，车内氛围就变成了一抹生机盎然的绿，配以山泉冲刷岩石、微风拂过松林的天籁，让上班路途中的你感到轻松、愉悦。你来到公司楼下，迎宾机器人接你下车，而你的爱车则自动驶向停车场。

　　上午，你要与远在纽约的客户开会，激光全息会将对方的身影呈现在会议室中，让你们"面对面"地畅快交流。在不远处的设计室中，工程师正在点击工作台上的三维产品影像，优化着产品的每个细节。在生产车间里，一位员工有条不紊地巡视着忙碌中的机器人们，一件件优质产品从这些机器人的"手"中被制造出来。而整座建筑所需的能源，绝大部分来自分布于楼内外的太阳能电池板和能量回收装置。

在工作闲暇之余，你打开手机，发现家里没有水果了，让车载的无人机去商店购买吧！你顺便遥控打开家中草坪里的喷头，该给花草浇水了！

……

以上这些情景，是梦境吗？不，它们都是未来生活的一部分。未来，人类将迈入智能社会，而机器人是智能社会最重要的元素。尽管机器人技术的成熟尚需时日，人类接纳机器人也需要一个过程，但机器人在我们的生产生活中已经发挥着越来越重要的作用。让我们一同迎接机器人时代的到来吧！

反侵权盗版声明

电子工业出版社依法对本作品享有专有出版权。任何未经权利人书面许可，复制、销售或通过信息网络传播本作品的行为；歪曲、篡改、剽窃本作品的行为，均违反《中华人民共和国著作权法》，其行为人应承担相应的民事责任和行政责任，构成犯罪的，将被依法追究刑事责任。

为了维护市场秩序，保护权利人的合法权益，我社将依法查处和打击侵权盗版的单位和个人。欢迎社会各界人士积极举报侵权盗版行为，本社将奖励举报有功人员，并保证举报人的信息不被泄露。

举报电话：（010）88254396；（010）88258888

传　　真：（010）88254397

E-mail： dbqq@phei.com.cn

通信地址：北京市万寿路 173 信箱

　　　　　电子工业出版社总编办公室

邮　　编：100036